Visione: Tecnologie del Futuro 2030

Autonome Provinz Bozen
Provincia autonoma di Bolzano
Provinzia autonoma de Bulsan
SÜDTIROL · ALTO ADIGE

La realizzazione di quest'opera è stata resa possibile grazie al sostegno della Provincia Autonoma di Bolzano-Alto Adige - Ripartizione Cultura Italiana

Roland Benedikter
(a cura di)

Visione: Tecnologie del Futuro 2030

Elementi per il futuro tecnologico dell'Alto Adige

Versione Italiana a cura di
Ilham Zekkaria

ATHESIA VERLAG

Indice

Prefazione

Franz Schöpf

Ripartizione Innovazione, Ricerca, Università e Musei dell'Amministrazione provinciale della Provincia Autonoma di Bolzano-Alto Adige

Questo libro, altamente concentrato, offre una panoramica entusiasmante sui temi tecnologici più importanti del futuro: un futuro che in Alto Adige sta già conquistando la nostra vita quotidiana. A casa, al lavoro o in viaggio, siamo già nel mezzo del flusso del cambiamento. Le tecnologie del futuro accompagnano la nostra vita, influenzano le nostre abitudini e plasmano la nostra comunità. Abbiamo l'opportunità di comunicare oltre i confini, di scambiare conoscenze e di esplorare il mondo in una misura senza precedenti, utilizzando dati e informazioni.

Tuttavia, dobbiamo anche pensare al di là dello status quo odierno. Perché il modo in cui lavoriamo, impariamo, interagiamo tra di noi e viviamo, il mondo che ci circonda, continuerà a cambiare radicalmente nei prossimi anni. Le tecnologie future influenzeranno i nostri valori di liberalismo e libertà. Non solo ci saranno nuovi modelli di business, ma saranno necessari anche nuovi modelli sociali. La politica, l'economia e la società civile dovranno affrontare la sfida di sfruttare le opportunità offerte dall'innovazione tecnologica senza perdere di vista il benessere delle persone e dell'ambiente.

Questa sfida non è del tutto nuova. L'Alto Adige ha sempre dovuto la sua posizione di centro economico e di innovazione con un'alta qualità della vita alla sua capacità di adattarsi tempestivamente alle nuove sfide e tendenze. Nuove idee, tecnologie, prodotti e servizi emergono costantemente in tutta la provincia. La spesa per la ricerca e lo sviluppo è in costante aumento e ha raggiunto per la prima volta nel 2020 la soglia di poco meno dell'1% del prodotto interno lordo (cfr. ASTAT di settembre 2022). La catena del valore collaborativa tra imprese locali, start-up, istituti di ricerca leader come Eurac Research e la Libera Università di Bolzano e la disponibilità delle infrastrutture di ricerca necessarie, come quelle create nel NOI Techpark di Bolzano e Brunico con i suoi oltre 40 laboratori, giocano un ruolo fondamentale.

La *Strategia di specializzazione intelligente per la ricerca e l'innovazione* – RIS3 – funge da guida per il continuo sviluppo sostenibile della provincia. Sulla base dell'analisi dei punti di forza specifici del territorio, delle competenze di ricerca esistenti e delle tecnologie chiave rilevanti per l'Alto Adige nei prossimi anni, tale strategia stabilisce chiari obiettivi a medio termine per la politica, l'economia e la scienza.

In questo contesto, per i prossimi anni vale quanto segue: solo attraverso l'impegno congiunto e mirato e l'azione coordinata di tutti gli stakeholder coinvolti nel processo di innovazione è possibile realizzare un "Futuro tecnologico dell'Alto Adige 2030" che consenta lo sviluppo e il progresso, migliori la qualità della vita e fornisca soluzioni sostenibili per questioni socialmente rilevanti. Questa pubblicazione, diretta da Roland Benedikter, è un passo estremamente prezioso e necessario verso tale direzione.

Introduzione

Roland Benedikter

Eurac Research Bolzano, Centro di Studi Avanzati e Cattedra UNESCO per l'anticipazione interdisciplinare e la trasformazione globale-locale, Circolo per il futuro del Ministero Federale Tedesco dell'Istruzione e della Ricerca (BMBF) per il Governo Federale Tedesco 2019-2023

Questo opuscolo fornisce elementi per il percorso verso una visione tecnologica integrata e partecipativa per l'Alto Adige. Qui di seguito presenta:

- una descrizione breve dei prerequisiti e degli elementi costitutivi per tale visione;
- un modello di base tridimensionale per l'orientamento a medio e lungo termine;
- delle "migliori pratiche" di diversi contesti e paesi.

In tutto questo, non anticipa una strategia tecnologica per il territorio, ma sviluppa – in modo aperto – i prerequisiti e gli approcci per realizzarla.

Questo studio è stato redatto su proposta del Consiglio della Provincia Autonoma di Bolzano-Alto Adige, come fondamento per discussioni su base scientifica. Lo scopo è quello di stimolare le decisioni politiche e le elaborazioni operative per una migliore pratica di partecipazione. Si rivolge a decisori, politici e società civile e, soprattutto, a lungo termine, ai cittadini in senso lato.

I seguenti contributi sono stati presentati per la prima volta a Bolzano in occasione di un'audizione per la politica altoatesina. Nel febbraio 2022, su iniziativa della Terza Commissione legislativa, il Consiglio provinciale altoatesino ha organizzato un'"audizione" sulle tecnologie future che potrebbero essere rilevanti per la provincia nei prossimi anni – in alcuni casi anche al di là dei punti focali esistenti. L'obiettivo era quello di ottenere una panoramica delle tecnologie con un elevato potenziale di cambiamento sociale attraverso i contributi di esperti internazionali e regionali. Altri obiettivi erano quelli di esplorare l'interrelazione di queste tecnologie e la loro applicabilità al territorio; i loro possibili effetti, sia come fattori di continuità che di interruzione; di aumentare la competenza tecnologica dei progettisti politici, sociali e civili e in generale di intensificare il dibattito tra gli schieramenti politici per stimolare strategie di sviluppo innovative.

Il risultato dell'audizione è stato che nel senso di un processo di sviluppo partecipativo, è auspicabile che l'Alto Adige attui nei prossimi anni una visione tecnologica ampliata che vada oltre le precedenti priorità in alcuni settori, che sia a lungo termine e di natura interdisciplinare, che sia collegata a un approccio di auto-riflessione e di etica, basato sulle scienze sociali e ancorato alle istituzioni, e che sia integrato negli approcci già esistenti. Se possibile, ciò dovrebbe avvenire entro il 5° ciclo di Kondratieff dei "sistemi tecnologici intelligenti". Secondo la maggior parte degli esperti, questo ciclo sarà pienamente maturo intorno al 2030 e diventerà allora efficace per la società nel suo complesso se i suoi strumenti saranno collegati in rete per il bene comune.

In tutto questo, una cosa è certa già oggi: le tecnologie del futuro continueranno a moltiplicarsi, a penetrare nella vita quotidiana e quindi a cambiare in modo significativo anche la società altoatesina nei prossimi anni. Per questo motivo, come dimostreranno le pagine seguenti, è importante combinare tre elementi di base con senso delle proporzioni e lungimiranza:

1. tecnologie future;
2. ecosistemi sociali;
3. nuove ecologie della conoscenza.

La pace sociale e la capacità innovativa nel nostro territorio – come in altre società del mondo – dipenderanno dalla qualità della combinazione di questi tre elementi. La scienza può fornire elementi di orientamento e di riflessione filosofica, sociale ed etica su questa integrazione e sull'educazione tecnologica *(Tech Literacy)*.

Di conseguenza, l'audizione del Consiglio provinciale del febbraio 2022 ha delineato gli elementi per una possibile visione di sviluppo, senza però limitare questa visione stessa ad aspetti predeterminati. Sviluppare una strategia a partire da questi elementi è compito dei politici stessi in collaborazione con gli imprenditori, i loro dipartimenti e associazioni di ricerca, i rappresentanti istituzionali, nonché le scienze e i loro esperti. Per affrontare questa sfida, il metodo di integrazione dell'UNESCO *Futures Literacy,* che vuol dire letteralmente: alfabetizzazione sui futuri o educazione alle competenze del futuro, è disponibile come approccio di riflessione etica e piattaforma di discussione per riunire diversi filoni di sviluppo. È praticata, per esempio, presso la Cattedra UNESCO al Centro di Studi Avanzati (Center for Advanced Studies) di Eurac Research a Bolzano.

Per questo libro, i relatori dell'audizione hanno fornito sintesi scritte dei loro interventi, che non corrispondono completamente alle loro presentazioni orali e mediatiche, ma in alcuni casi rappresentano versioni riviste e ampliate. Il libro che il lettore ha tra le mani rappresenta, come speriamo, un comprensibile approccio. Questo lo dovrebbe rendere adatto a ogni cittadino e alla più ampia diffusione possibile tra tutte le fasce della popolazione. L'obiettivo è promuovere il dialogo tra esperti e società civile.

Un commento finale sul tono delle descrizioni che seguono. Questo libro presenta deliberatamente le più importanti nuove tecnologie del futuro in una luce prevalentemente positiva, per enfatizzarne le opportunità di sviluppo territoriale. Questo è in linea con l'approccio della maggior parte degli esperti contemporanei e di organizzazioni globali come le Nazioni Unite e l'UNESCO, che ne enfatizzano l'uso positivo per liberare nuove energie e indurre ottimismo nei giovani. L'obiettivo è passare da un tono apocalittico, troppo spesso caratterizzato da una preoccupazione unilaterale, a un atteggiamento più costruttivo, conscio e attento. Così si esprimeva l'analista statunitense Peter Leyden nel 2022:

> "L'idea è quella di raccontare una storia positiva … francamente, se vi capitasse di nascere in una cultura umana in qualsiasi momento della storia, vorreste trovarvi nella nostra epoca piuttosto che in un'altra. Quasi tutti sanno che siamo nel bel mezzo di una transizione verso un'economia e una società tecnologicamente connesse dove ha senso coinvolgere tutti … Siamo chiaramente in un mondo tecnologico sia nel bene che nel male".

È quindi importante sottolineare entrambi gli aspetti: rischi e opportunità, concentrandosi su questi ultimi. Effettivamente, la rappresentazione positiva delle nuove tecnologie non deve far dimenticare però che molte delle tecnologie descritte di seguito sono anche ambigue. L'ambiguità e la diversità che caratterizzano i recenti sviluppi devono essere riconosciute ed eticamente considerate. In questo senso, questo opuscolo vuole essere uno stimolo a riflettere sulle questioni presentate in modo interdisciplinare e ampio.

Il commissionario dell'audizione del febbraio 2022 è stata la III Commissione legislativa del Consiglio provinciale dell'Alto Adige, presieduta dal Consigliere Helmuth Renzler (†). I promotori dell'audizione sono stati il Consigliere Helmuth Renzler, il Consigliere Paul Köllensperger e il Consigliere Gerhard Lanz. La proposta di mozione è stata presentata da Paul Köllensperger, Gerhard Lanz e Rita Mattei. La traduzione in italiano dei contributi tedeschi e inglesi è stata curata da Ilham Zekkaria, Università di Firenze, in collaborazione con Marco Armani e gli autori. Maria Rieder, membro del Consiglio provinciale, ha facilitato il processo di pubblicazione di questo fascicolo.

1 Christoph Drösser: Peter Leyden: "L'idea era di raccontare una storia positiva". In: Die Zeit, 25 luglio 2022, https://www.zeit.de/digital/2022-07/peter-leyden-wired-zukunftsszenarien-klimawandel-pandemie. Nota: Qui, così come in tutti i riferimenti bibliografici seguenti, i titoli dei libri non italiani sono in gran parte tradotti per garantirne una migliore comprensione.

CAPITOLO 1

Trasformazione digitale, Blockchain, intelligenza artificiale, big data: dove sta andando il viaggio? Quale futuro attende le persone e le imprese dell'Alto Adige? La politica deve aggiornare le sue competenze digitali

Helmuth Renzler (†), Paul Köllensperger, Gert Lanz

Consiglio della Provincia Autonoma di Bolzano-Alto Adige

Il futuro tecnologico è uno dei temi più importanti per le prospettive dell'Alto Adige. Nel decennio che ci porterà al 2030, il livello tecnologico – che l'ONU ha dichiarato fondamentale indicatore dello sviluppo sostenibile e umano – ha grandi potenzialità di crescita, per lo sviluppo e la prosperità collettiva. La trasformazione digitale, la *Blockchain*, l'intelligenza artificiale e i nuovi big data sono i pionieri di una nuova era di tecno-democrazia, dove la tecnologia può contribuire a una maggiore partecipazione dei cittadini. La produzione di dati, l'economia dei dati, la scienza dei dati, la proprietà dei dati e il lavoro con i dati automatizzato sono presupposti a possibili salti di qualità e quantità. Consentono anche un nuovo livello di utilizzo sociale della tecnologia, soprattutto se queste tecnologie vengono colte nella loro sempre maggiore interazione.

Anche in questo caso vale il detto popolare: chi tardi arriva, male alloggia. Già nel breve e medio periodo l'Alto Adige può trarre grandi vantaggi dalla convergenza delle innovazioni tecnologiche, ma a condizione che le nuove tecnologie vengano implementate in modo tempestivo, socialmente rilevante, collaborativo e trasversale attraverso i diversi ambiti di lavoro e società. Molte persone non sanno ancora esattamente dove ci condurranno le nuove tecnologie, quali nuovi scenari si delineeranno in futuro ed è quindi importante che la politica assolva al compito di comunicare e spiegare i cambiamenti in divenire. Questo è ancor più necessario in Alto Adige, perché la nostra provincia è già da tempo avviata sulla strada che porta a un territorio ad alta tecnologia specialmente in settori di nicchia. Se la politica continua a sostenere e ad allargare gli orizzonti di questo percorso, l'Alto Adige potrà stabilire degli standard già a medio termine. Con istituzioni scientifiche e di ricerca consolidate come l'Eurac, iniziative private come l'Accademia per l'intelligenza artificiale di Bressanone, varie start-up per *Blockchain*, *Data Economy* e *Privacy* e il parco tecnologico del NOI come networker, i presupposti sono eccellenti. Saranno però soprattutto gli altoatesini con il loro interesse per l'innovazione che negli anni a venire potranno fare la differenza.

In che direzione ci stiamo dunque muovendo? Quale futuro tecnologico attende cittadini e imprese?

Per cercare di fornire risposte plausibili – come l'economia sta già facendo – anche la politica deve aggiornare le sue competenze digitali. Oltre alla Strategia di sostenibilità e RIS3 (Strategia regionale di specializzazione intelligente), per i decision-maker altoatesini ha senso cercare di implementare una strategia tecnologica indipendente, mirata e integrata. La situazione è favorevole in termini di capitale umano: molti giovani altoatesini lavorano già all'estero nei diversi ambiti delle avanguardie tecnologiche – in Italia, Austria, Svizzera, Germania, Olanda, Svezia, Gran Bretagna o negli Stati Uniti. Dobbiamo legarli ancora meglio al nostro territorio e idealmente tenerli in modo permanente. Limitare la fuga di cervelli per mezzo di investimenti nei settori ad alta tecnologia può portare a un incremento in termini di innovazione ancora più ampio, così creando un volano positivo per tutti i settori dell'economia e della società da cui i cittadini prima o poi trarranno beneficio.

L'audizione in Consiglio provinciale dell'8 febbraio 2022 è servita come spunto per riflettere su questo processo. È stata l'inizio di una discussione più intensa tra legislatori del Consiglio provinciale, amministratori pubblici e decisori sul futuro della tecnologia, in una prospettiva strategica. L'audizione ha mostrato la strada da seguire. Cruciali nei prossimi anni saranno i maggiori e più mirati investimenti nei settori tecnologici e dell'innovazione; strategie di acquisizione di talenti, start-up e imprese ancora più attive nel settore high-tech; e l'espansione del settore delle scienze applicate in una prospettiva inter- e trans-disciplinare.

Dove ci condurrà il futuro?

Tecnologia e scienza formano sempre più un'unità di crescente importanza per l'Alto Adige anche come business location. Nei prossimi anni, l'interrelazione tra tecnologia e scienza diventerà sempre più centrale per tutta la nostra società. L'Alto Adige deve prepararsi per non farsi cogliere impreparato dal cambiamento. L'audizione "Alto Adige 2030: Il futuro della tecnologia", diretta da Roland Benedikter, è stato un passo importante in questa direzione, a cui dovrebbero seguirne altri.

CAPITOLO 2

Presupposti per una visione tecnologica olistica dell'Alto Adige: combinare i tre elementi delle tecnologie del futuro, degli ecosistemi sociali e dell'ecologia della conoscenza

Roland Benedikter

Eurac Research Bolzano, Centro di Studi Avanzati e Cattedra UNESCO per l'anticipazione interdisciplinare e la trasformazione globale-locale, Circolo per il Futuro del Ministero Federale Tedesco dell'Istruzione e della Ricerca (BMBF) per il Governo Federale Tedesco 2019-2023

L'economia e la tecnologia formano oggi un'unità sempre più forte. Il loro punto di intersezione sta diventando più importante anche per l'Alto Adige come sede economica. La convergenza di economia, tecnologia, scienza e anticipazione del futuro avviene all'intersezione di settori chiave come l'industria, la finanza, l'edilizia, il settore dei servizi, l'agricoltura e il turismo, tutti sempre più influenzati dalla tecnologia. Nei prossimi anni la tecnologia diventerà un motore di cambiamento, di collegamento, di integrazione e di trasformazione, spostandosi ancora di più al centro della nostra società. L'Alto Adige ha tracciato la strada per utilizzare il futuro della tecnologia per l'attrazione di talenti e l'innovazione settoriale per il progresso della comunità. Secondo tutti i piani di sviluppo provinciali, il bene comune deve essere al centro dell'impiego delle nuove tecnologie per aumentare la partecipazione e ridurre le disuguaglianze.

Il punto di partenza: tecnologie di liberazione

Il fatto che la tecnologia diventi ogni anno più influente per territori come l'Alto Adige non è una novità. Tuttavia, la situazione si sta evolvendo rapidamente e presenta sempre nuove opportunità e sfide. Dopo una fase di avvio e di incubazione a partire dagli anni '90, istituti di ricerca come la Max Planck Gesellschaft e università come Stanford e il MIT a Boston ritengono che negli anni 2020 l'innovazione tecnologica possa diventare per la prima volta una *tecnologia liberatoria* per le società, se socialmente integrata, e basata sul dialogo.

In questo ambito, "liberazione" significa che la tecnologia avanzata può migliorare sia la partecipazione che l'autonomia dei cittadini. In altre parole, può rafforzare l'auto-attività e l'iniziativa, nonché la connessione, l'interattività e la consapevolezza della comunità. Potrà quindi contribuire, di più rispetto alle fasi passate, all'ulteriore sviluppo della libertà personale in una società basata sulla solidarietà. Ciò vale innanzitutto per i territori che si occupano dell'introduzione, del consolidamento, dell'adattamento e dell'applicazione dei nuovi sviluppi tecnologici nell'interesse pubblico e li implementano in modo equilibrato sia a livello territoriale che tra i vari settori, attribuendo particolare importanza all'interfacciamento che diventerà l'aspetto cruciale.

La prima fase

Come prerequisito per l'uso – inizialmente prevalentemente idealistico – della tecnologia come "tecnologia di liberazione", è importante riconoscere il salto qualitativo nell'impatto sociale della tecnologia avanzata che si è verificato negli ultimi anni. Attualmente stiamo vivendo il passaggio dalla prima alla seconda fase della tecnologia di liberazione. La *prima fase* è iniziata nei primi anni 2000. Essa intendeva la "liberazione attraverso la tecnologia" come la combinazione di computer e Internet, l'istruzione necessaria per accedervi e la diffusione più ampia possibile di questi tre capisaldi della società digitale. L'obiettivo era garantire l'emancipazione di tutti i cittadini attraverso un accesso paritario all'informazione e alla conoscenza, nonché lo sviluppo delle corrispondenti capacità di auto-orientamento e auto-attività. In seguito, per "tecnologia di liberazione" si è inteso l'uso di smartphone e altri dispositivi di registrazione per aumentare la trasparenza, documentare e combattere le pratiche scorrette e migliorare i processi governativi e amministrativi attraverso il feedback interattivo dei cittadini, compresa la possibilità di pubblicazione individuale di temi ed eventi in qualsiasi momento, ad esempio sui social media. Questi approcci sono stati sostenuti e promossi dalle scienze sociali in molte società democratiche del mondo. A questo scopo sono stati gradualmente istituiti interi programmi accademici, tra cui l'esemplare "Programma sulla tecnologia di liberazione" dell'Università di Stanford nella Silicon Valley[1] nei primi anni 2000.

Questa prima fase di uso deliberato della tecnologia per il tandem di emancipazione individuale e progresso della comunità – sempre più visto come legame indissolubile – fu accolta con grande entusiasmo, sia da chi la impiegava sia da chi ne beneficiava. I governi e le amministrazioni la videro come una profilazione di una tecnologia al servizio dei cittadini e una chiusura dei ranghi nello sviluppo progressivo della democrazia. Tuttavia, la prima fase si è arrestata con la rapida trasformazione del settore tecnologico, in particolare dell'interfaccia computer-Internet, per mezzo di:

1. una commercializzazione sempre più ampia e transsettoriale di Internet, dei social media e dell'informazione in generale;
2. l'ascesa dell'*"economia dell'estrazione dei dati"* e del *"surveillance capitalism" (Soshana Zuboff);*
3. la crescente influenza dei monopoli.

Queste tendenze hanno presto superato i loro limiti. A partire dagli anni 2010, anziché di liberazione, molti hanno parlato di un pericolo crescente di restringimento del campo d'azione sociale attraverso la tecnologia: dell'"algocrazia" – il dominio economico, politico e sociale "onnipervasivo" degli algoritmi che presto avrebbe preso la società sotto la sua ala.

La seconda fase

La *seconda fase della tecnologia di liberazione*, iniziata a metà degli anni 2010, riconosce questo ambiente mutato e cerca di lavorare attivamente con esso. L'obiettivo è portare gli approcci della prima fase a un nuovo livello. Come in altri settori della società, con questa aspirazione si sta verificando una certa depoliticizzazione rispetto agli orientamenti ideologici tradizionali. A differenza della prima fase, l'attuale seconda fase di impiego liberatorio delle nuove tecnologie non vuole più avere a che fare con l'ideologia, nemmeno con una orientata al progresso. L'obiettivo è ora il miglioramento pragmatico della vita quotidiana. La seconda fase della tecnologia di liberazione si considera politica solo nella misura in cui avanza praticamente la sfera sociale.

Per questo scopo, l'attuale transizione al meccanismo di fusione sistematica delle nuove tecnologie è cruciale. Sono nate reti globali intelligenti e di apprendimento interattivo che consentono a tecnologie molto diverse e sempre più decentrate di comunicare tra loro e di integrarsi in molte applicazioni individuali in modo mirato e in relazione ai contesti. Si crea così una rete di "tecnologie nodo" che si spingono costantemente in avanti l'una con l'altra, adattandosi costantemente a realtà diverse e imparando dalle loro esperienze attraverso lo scambio trasversale.

Questi nuovi nodi tecnologici stanno gradualmente penetrando in tutti i settori del lavoro e della vita. Nei loro punti di intersezione si stanno realizzando sia continui incrementi graduali sia "salti" dirompenti delle applicazioni tecnologiche esistenti. I fattori trainanti sono la diffusione del 5G, l'emergere di reti digitali neuro-morfiche, l'acquisizione della percezione sensoriale deduttiva da parte dell'intelligenza artificiale, l'emergere e la messa in rete di intelligenze artificiali "generative" sempre più diversamente contestualizzate e individualizzate, e il passaggio del computer a un ibrido tra computer quantistico e biocomputer, in grado di fornire prestazioni molte volte superiori rispetto al passato e che quindi potrà portare anche tutti gli altri ambiti della digitalizzazione a un nuovo livello[2].

In combinazione di questi e altri sviluppi, si prevede che la "seconda fase" della tecnologia di liberazidione sarà in grado di intervenire più profondamente nelle strutture sociali e di vita di quanto la prima ondata, che nella prospettiva odierna era ancora più tradizionalmente orientata all'emancipazione, avrebbe potuto immaginare.

Tuttavia, come prezzo per queste maggiori possibilità e per la maggiore efficienza, gli attuali sviluppi tecnologici comportano anche maggiori ambiguità e rischi, tra cui un numero rapidamente crescente di applicazioni "a doppio uso". Si tratta di applicazioni che possono essere utilizzate in modi diversi e spesso addirittura opposti, rendendo le tradizionali regolamentazioni etiche o politiche molto difficili o addirittura impossibili. Pertanto in gergo tecnico, gli scienziati definiscono la seconda fase della tecnologia di liberazione come la combinazione di ipertecnologia e profonda ambivalenza[3]. Poiché vari aspetti sono caratterizzate dall'irreversibilità, non solo nell'attuale fase tecnologica, ma nello stesso sviluppo tecnologico, difficilmente potremo retrocedere da questa combinazione di maggiori possibilità e maggiori rischi. Come tutti gli altri territori e le altre comunità, dobbiamo cercare di accoglierli positivamente e di farne il miglior uso possibile, senza sottovalutare le sfide.

Opportunità e rischi

Le condizioni per un ulteriore sviluppo dinamico sono dunque presenti sia per le opportunità che per i rischi. Entrambi sono in costante espansione e ampliamento. Per sfruttare le opportunità, le società devono correre specifici rischi per stare al passo con i tempi. E per ridurre al minimo i rischi, queste stesse società devono interconnettere le diverse tecnologie del futuro da una prospettiva etica e socio-politica in modo che si correggano e si bilancino a vicenda. L'obiettivo è integrarli in una visione aperta in modo compatibile con la democrazia.

Inoltre, è necessario interconnettere attivamente diverse tecnologie, poiché molte di loro hanno un effetto a lungo termine sui territori e sulle comunità sociali, funzionando ormai in modo autonomo e sviluppando dinamiche proprie. Queste includono, tra gli altri, l'intelligenza artificiale, la *Blockchain* e l'economia dei dati. Più progrediscono, più acquistano slancio e si ramificano a livello transettoriale. Per il suddetto motivo, possono essere adattate a territori e popolazioni attraverso una combinazione mirata, cioè "adattate all'ambiente". L'opportunità di un adattamento nasce anche dal fatto che molte di queste tecnologie sono oggi sempre più accompagnate da innovazioni sociali progressive, come la possibilità di personalizzare la proprietà dei dati e lo scambio di dati decentralizzato. A tal fine, l'Unione Europea ha adottato il Regolamento generale sulla protezione dei dati 2016[4], la Strategia europea sui dati 2020[5] e la Legge europea sulla governance dei dati 2020[6]. Tutti questi regolamenti si basano sulla Carta dei diritti fondamentali dell'Unione Europea del 2012[7]. Sono attualmente in fase di elaborazione ulteriori standard a livello europeo per singoli aspetti dell'attuale sviluppo tecnologico.

Questo trend complessivo è accompagnato, non da ultimo, dall'adattamento dinamico della tensione tra pubblico e privato che si esprime attraverso l'uso e il *modo di* utilizzare le tecnologie dell'innovazione. Le nuove relazioni, che stanno appena emergendo, devono essere legittimati, convalidati, impiegati e gestiti congiuntamente dalle imprese, dalla politica e dalla società civile, non solo a livello Europeo, ma anche regionale e territoriale[8].

Insieme, le nuove relazioni tecno-partecipativi possono portare nei prossimi anni a un mondo che può inaugurare una prima vera tecno-democrazia – cioè, una democrazia più veloce, più autonoma, più incentrata sulle persone e più efficiente. Nella quale la politica e i cittadini danno forma al contesto sociale insieme e in cui ogni individuo trae beneficio dagli investimenti, dallo sviluppo e dalla diffusione di tecnologie pubbliche[9].

Le principali linee in prospettiva

La seconda fase "capillare" della tecnologia di liberazione fino agli anni 2030 non sarà quindi possibile principalmente attraverso sviluppi singoli, ma solo attraverso l'applicazione e l'*integrazione di* diverse tecnologie future per ambienti specifici. Affinché la loro integrazione possa dispiegare tutto il suo potenziale per l'ulteriore sviluppo delle condizioni sociali esistenti, è opportuno che i decisori politici impostino tempestivamente la rotta verso un approccio olistico, se possibile in stretta collaborazione con le parti sociali e con gli esperti di organizzazioni internazionali come l'OCSE, l'UNESCO e l'Unione Europea. La comunità territoriale autonoma e allo stesso tempo altamente differenziata dell'Alto Adige, con la sua rete europea ha buoni presupposti per farlo. La conoscenza e lo scambio sistematico con le visioni e le strategie per il futuro delle regioni vicine, dell'UE e delle organizzazioni internazionali favoriscono la cooperazione verso una visione olistica dello sviluppo. Ad esempio, i documenti di strategia della Foresight Task Force del Ministero Federale Tedesco dell'Istruzione e della Ricerca[10], l'European Strategy and Policy Analysis System (ESPAS)[11], il Forward Look dell'UE[12], la strategia tecnologica futura del Giappone (ora una delle più durature al mondo, con un focus quasi esclusivamente tecnologico e sociale già dagli anni '90)[13] e i processi di partecipazione al futuro dell'UNESCO[14], di altre sotto-organizzazioni delle Nazioni Unite come l'Anticipatory Action Task Force AATS[15], del Dipartimento delle Nazioni Unite per gli Affari Economici e Sociali[16], nonché del World Economic Forum (WEF)[17], della Banca Mondiale[18] e dell'OCSE[19] possono tutte essere ispirazioni e modelli di cooperazione. È interessante notare che le aree di destinazione dei processi di anticipazione delineati da queste organizzazioni convergono in larga misura in relazione all'anno 2050, nonostante i diversi contesti politici e sociali, e addirittura coincidono in molti aspetti, sebbene siano stati progettati indipendentemente l'uno dall'altro[20].

Tre elementi di base per una strategia olistica

In questo contesto più ampio, e sulla base dell'esperienza di altri, per l'Alto Adige ha un senso fondamentale, dal punto di vista delle scienze sociali, riunire in particolare *tre* elementi di base come prerequisito per uno sviluppo tecno-sociale collaborativo e integrativo. Questi tre elementi sono

1. le tecnologie future,
2. gli ecosistemi sociali,

3. il concetto di ecologia della conoscenza.

Ma questo che cosa significa esattamente? E perché la politica e la società civile altoatesina dovrebbero concentrarsi su questi tre elementi in un'ottica di qualità dei processi e di bene comune? Ripercorriamoli insieme brevemente!

1. Tecnologie future: tra il futuro delle tecnologie esistenti e la preparazione alle nuove tecnologie emergenti

Nei prossimi anni le tecnologie del futuro diventeranno il motore centrale dello sviluppo di tutte le società. Esse costituiscono già oggi il fulcro interdisciplinare di molti settori della società, anche in Alto Adige. La questione è come adattarle e orientarle al territorio nei loro vari aspetti per farne un uso ottimale. Da un lato, ciò ha a che fare con il posizionamento a lungo termine dell'Alto Adige in termini di tecnologia futura e, dall'altro, con la formazione mirata di strategie di applicazione "combinate". Nell'attuale "tecno-trasformazione", le innovazioni software e hardware si bilanciano a vicenda. Entrambe sono ugualmente importanti per uno sviluppo equilibrato.

Non una, ma molte tecnologie future, con velocità e applicazioni diverse

A questo punto è necessario chiarire una cosa: In cosa consiste oggi la tecnologia del futuro? E cosa bisogna considerare a riguardo del suo ulteriore sviluppo?

"La tecnologia del futuro" è un termine collettivo per indicare uno sviluppo civile non uniforme. Comprende un'ampia varietà di direzioni, a velocità diverse, con applicazioni e maturità differenti. Insieme, queste hanno un impatto sul modo in cui viviamo. Oggi, il termine tecnologia del futuro comprende le tendenze verso:

- case, città e periferie intelligenti;
- assistenza sanitaria digitale, compresa l'assistenza all'invecchiamento, la diagnostica a distanza e l'auto-ottimizzazione, ad esempio utilizzando applicazioni per la communicazione uomo-macchina;
- medicina di precisione e di genere;
- nuovi modelli di lavoro e di formazione, ad esempio l'utilizzo delle realtà virtuali.

La tecnologia futura del nostro tempo comprende anche tendenze come la spazializzazione: dalle pagine Internet agli spazi Internet (olografia), che consente di offrire servizi e, in futuro probabilmente, anche un turismo a livello virtuale.

Anche il concetto e la pratica della mobilità cambieranno in modo significativo. Questo perché "ogni veicolo sarà un indirizzo Internet mobile"[21] (Wolfgang Müller-Pietralla) che utilizza l'Internet delle cose (IoT) per comunicare costantemente con tutti i dispositivi e i sistemi che lo circondano al fine di scambiare informazioni in tempo reale. Un'auto del futuro terrà le persone aggiornate sull'ambiente circostante durante la guida, analizzerà il traffico e prenderà decisioni su percorsi, velocità, rifornimento, pause e consumo di carburante in tempo reale. L'auto non sarà più necessariamente privata, ma piuttosto una proprietà condivisa. La sottostante "cibernetica applicata", che probabilmente diventerà presto universale, renderà onnipresente l'automazione intelligente, che apprende costantemente all'interno delle reti. Il risultato saranno processi sociali più efficienti, che possono promuovere la sostenibilità e la resilienza sia del sistema che dell'individuo[22].

Questa diversità sincrona di processi di cambiamento tecno-sociale, che ha pochi precedenti e nella quale siamo già parzialmente inseriti, è il motivo per cui la formazione costante sta diventando più importanti che mai, non solo per la "digitalizzazione" o lo "sviluppo digitale", ma volutamente – in modo molto più completo – per la "trasformazione digitale"[23] in toto. Gli istituti privati, le organizzazioni di ricerca e le enti di scienze applicate sono stati spesso più veloci delle università e istituzioni statali che dovrebbero seguire il loro esempio. Perché?

Prospettive ambigue: la natura a doppio taglio della nuova tecno-cibernetica

Secondo ricercatori come Markku Wilenius, siamo all'inizio del quinto ciclo di Kondratieff: il processo in cui l'intelligenza in rete diventa la tecnologia più diffusa e primordiale.[24] Dalla fine degli anni 2030 e negli anni 2040, questo processo porterà all'applicazione di tecnologie iperintelligenti soprattutto nelle biotecnologie e nei sistemi bio-tecnologici – in altre parole, al controllo e la trasformazione delle basi biofisiologiche delle persone e del mondo[25] vivente.

Ciò avverrà sulla base del ritorno della cibernetica come piattaforma metodologica per l'innovazione, che riunirà i settori più diversi.[26] Dal XIX secolo in poi, la cibernetica è stata considerata non solo un metodo scientifico, ma anche la base della progettazione e della governance olistica. Oggi, dopo una ciclica assenza dal palcoscenico del dibattito, si sta rapidamente rinnovando e sta diventando il fulcro della trasformazione tecnologica in rete. La cibernetica sta diventando la base del networking tecnologico universale. Questa base si sta sviluppando attraverso componenti di sistema interattivi come l'Internet degli oggetti (IoT), che presto permeerà tutto, sempre più senza l'intervento umano: cioè, come autoapprendimento e "autoproduzione" ("autopoietica") di un "tappeto tecnologico" interconnesso. Ciò che sta accadendo sotto forma di tecnologia sempre più auto-organizzata, "apprendente" ed interattiva deve essere tenuto il più vicino possibile alle persone e controllato costantemente per verificarne la compatibilità sociale. Per questo motivo l'elitaria Australian National University (ANU) è stata una delle prime a istituire una nuova scuola di cibernetica[27]. Anche in Alto Adige potrebbe essere giunto il momento di discutere l'ambiguità legata al fatto che una sorta di crescente logica di auto-controllo tecnologico di sistemi altamente complessi, che nella scienza sociale chiamiamo "cibernetica di ultimo livello", ha un impatto sempre maggiore sulla società rispetto al passato. Dopo tutto, la "nuova cibernetica" della tecno-cultura emergente offre sia la possibilità di un processo di controllo più olistico e trasparente sia, allo stesso tempo, la possibilità di un cambiamento più completo nel modo in cui la società ha funzionato finora, compresa anche la possibilità di disumanizzazione:

> "In termini di implicazioni socio-politiche, la cibernetica si sforza di introdurre un "uso umano dell'uomo", superando l'"uso disumano dell'uomo". La convinzione contemporanea è che le macchine possano assumere compiti considerati disumani e liberare le persone per compiti umani. Da questo punto di vista, il pensiero cibernetico è più che attuale. Introduce un nuovo tipo di tecnocrazia che non segue più l'approccio top-down della meccanizzazione classica, ma offre piuttosto una flessibilità che accoglie la contingenza e l'irregolarità. In questo senso, la nuova cibernetica è anche ambigua. Potrebbe infatti contribuire alla realizzazione di un'amministrazione socialista, comunista o anarco-neoliberale. Questo ha a che fare con il fatto che, epistemologicamente, la cibernetica mira a superare l'opposizione tra meccanicismo e vitalismo. Ontologicamente la cibernetica ha superato il sistema a due valori della logica aristotelica e punta a una logica a più valori."[28]

Va detto solo di sfuggita che questo sviluppo "neocibernetico" ha anche profonde implicazioni culturali, che avranno senza dubbio un impatto sull'ambiente culturale e sull'umore sociale – aspetti particolarmente importanti per un'area culturalmente sensibile come l'Alto Adige:

> "A Martin Heidegger [. . .] gli fu chiesto cosa sarebbe venuto dopo la fine della filosofia; Heidegger rispose: la cibernetica. In altre parole, proclamò che la cibernetica segnava la fine della filosofia occidentale. La cibernetica è come un trionfo del metodo scientifico, che in definitiva rende superflue le considerazioni filosofiche. Questo si osserva anche se consideriamo [la cibernetica] come una nuova epistemologia basata sulla riflessività. La cibernetica non è qualcosa, che viene da qualche parte al di fuori della filosofia occidentale, ma è la sua stessa realizzazione o completamento"[29].

Queste idee – filosofiche, politiche e socio-culturali – della nuova cibernetica sempre più dinamica della tecno-società riguardano soprattutto due questioni che sono al centro del futuro del nostro territorio:

1. quale rapporto vogliamo instaurare in futuro tra macchine ed ecologia: per l'Alto Adige, ciò significa la questione del rapporto e della compatibilità dello sviluppo tecnologico con la Strategia di sostenibilità, che mira a rendere l'Alto Adige una delle regioni più sostenibili d'Europa[30];
2. la questione di come la nuova cibernetica modificherà le idee di base precedentemente valide su come il collettivo e l'individuale si relazionano l'uno con l'altro – cioè, se si tratta prevalentemente di un nuovo modo di pensare comunitario (una "noosfera" nel senso di Teilhard de Chardin) o di un nuovo individualismo.

Così, se il quinto ciclo di Kondratieff è caratterizzato da dispositivi tecnologici che diventano intelligenti e interconnessi, sarà molto probabilmente il momento dell'ondata di una "nuova cibernetica", in cui reti intelligenti di dispositivi interattivi si organizzano, si sviluppano dinamicamente e imparano continuamente in collettivo. Così facendo cambieranno notevolmente il mondo che conosciamo, compreso il modo in cui gli individui e la società funzionano in Alto Adige.

Gli esempi di innovazione "radicale" si moltiplicano

Questo cambiamento è visibile in molti esempi, non solo del futuro, ma anche del presente; e non solo in quelli chiaramente positivi, ma anche in quelli che meritano una considerazione equilibrata. Ad esempio, l'intelligenza artificiale (IA) applicata consente oggi di creare, con la semplice pressione di un tasto, identità che non esistono nemmeno, ma che sembrano ingannevolmente reali[31].

La copertura mediatica sempre più diffusa delle "fattorie di contenuti" create dall'IA, come la creazione di siti di notizie su Internet[32], fa parte del dibattito pubblico soprattutto perché i media stessi ne risultano interessati. Tuttavia, la crescente automazione dell'informazione avrà un impatto sulla politica, perché crea anche camere d'eco per pregiudizi, stereotipi e luoghi comuni. I sistemi di guida stradale in rete e aggiornati in tempo reale per le automobili, la pre-analisi automatizzata – e altamente efficiente – delle immagini a raggi X o l'apprendimento dei medici da modelli olografici 3D illustrano ciò che i modelli IA possono ora raggiungere utilizzando algoritmi di ottimizzazione. Fanno parte da tempo della realtà ma sono spesso poco considerati in termini di trasformazione della vita quotidiana.

Finora, due applicazioni sono riuscite ad attirare la vera attenzione sociale. Da un lato si tratta dell'IA in quanto tale, dall'altro si tratta soprattutto di ChatGPT e di altre intelligenze artificiali simili "basate sul dialogo", con un'attenzione particolare alle applicazioni quotidiane, perché queste interessano direttamente le scuole, le università e il settore dei servizi. A ciò sono associati tutti i vantaggi e gli svantaggi della "nuova cibernetica": aumento dell'efficienza, ma anche disumanizzazione; creazione di reti, ma anche perdita di posti di lavoro; maggiore velocità decisionale, ma anche minore necessità di dialogo. Chiunque utilizzi ChatGPT o chatbot simili si trova in un meccanismo tecnologico di domande e risposte, non in una vera e propria conversazione, almeno non nel senso in cui la gente l'ha intesa finora. Una serie di argomenti relativi alla profonda ambivalenza delle nuove tecnologie non sono stati quasi mai discussi pubblicamente fino ad oggi. Né sono note molte opzioni. Tuttavia, la tecnologia IA può ora essere utilizzata per simulare o "falsificare" molte cose: competenze, immagini, video e rapporti. Oltre alla falsificazione si inventa "creativamente" i fatti. Secondo la maggior parte degli esperti, tuttavia, le persone non possono mettere costantemente in dubbio tutto ciò che leggono o vedono: devono potersi fidare. Altrimenti, la stabilità sociale è minacciata.

Ciò solleva inevitabilmente la questione, per l'Alto Adige come per tutti gli altri, di come far sì che il tema delle tecnologie future e dei loro diversi effetti venga maggiormente discusso dalla popolazione stessa. Le scuole sono sempre più oberate dall'educazione socio-tecnologica e dovranno concentrarsi molto di più sulle competenze di base come la lettura, la comprensione dei testi, la scrittura e la matematica piuttosto che affrontare nuovi argomenti. Quindi qui è richiesta l'azione politica.

Le cinque grandi trasformazioni

Dove ci porterà lo sviluppo complessivo delle nuove tecnologie? Diventeranno sempre più grandi le bolle in cui le persone già trascorrono parte della loro vita sulle piattaforme dei social media? Nel nuovo e coraggioso mondo della tecnologia gli individui si accontenteranno di ricevere qualche "mi piace" e per il resto sentiranno solo ciò che già credono – perché la vita sarà più facile, l'interazione sociale nella "vita reale" sarà semplificata e le persone si circonderanno virtualmente di persone reali o virtuali con quali la "conversazione" funziona senza conflitti allo stesso modo dei chatbot? E, come possiamo modellare positivamente queste prospettive, se sono già in parte inevitabili?

Queste questioni si pongono oggi in modo largamente indipendente dai partiti, dagli accordi di perequazione sociale, dalle forme di amministrazione e di governo – anche in Alto Adige.

I politici e la popolazione dovrebbero quindi essere in grado di impegnarsi più intensamente sul tema delle tecnologie future e della loro integrazione nella società. Ciò richiede l'integrazione del dialogo in un quadro generale di sviluppo, per il quale devono essere create le condizioni adeguate. Secondo il futurologo Georges Roos, le grandi trasformazioni che si stanno già avviando a tutti i livelli della società e sulle quali dobbiamo conversare di più comprendono soprattutto sviluppi nelle seguenti cinque dimensioni:

– trasformazione digitale;
– trasformazione demografica;
– trasformazione ecologica;
– bio-trasformazione;
– trasformazione geopolitica.[33]

Esistono aree di intersezione tra queste cinque trasformazioni, dove si incontrano e dove sono possibili esperimenti particolarmente produttivi, alcuni dei quali sono già in corso.

Un tema comune e trasversale alle cinque trasformazioni è, ad esempio, la spinta transdisciplinare della "città intelligente" o *Smart City*. I centri urbani fungono sempre più da ecosistemi di innovazione per un intero territorio, anche se questo non vuol dire automaticamente che "città intelligente" significhi anche "città felice" (Roberto Poli[34]). Le città intelligenti riuniscono un numero particolarmente elevato di tecnologie del futuro. Combinano i temi dell'abitazione, dei trasporti, della salute, dell'istruzione, del tempo libero e della sicurezza. In questo modo creano topografie del futuro, sia deliberatamente che indirettamente. Tuttavia, le città intelligenti affronteranno anche sempre più la questione dei "diritti naturali nella città"[35] e incorporeranno trasformazioni eco-tecnologiche nel campo dell'istruzione. Poiché la città intelligente ha una sorta di funzione catalizzatrice naturale per l'integrazione di un'ampia gamma di tecnologie future, viene sempre più utilizzata come piattaforma per discutere le strategie tecnologiche future integrate[36]. Le città modello delle Alpi europee, come Lucerna in Svizzera, ad esempio, hanno lanciato il motto della loro strategia digitale e di *Smart City*: "Modernizzare in modo efficace, distribuire in modo intelligente, progettare in modo pionieristico"[37]. Altre città – come il capoluogo altoatesino Bolzano – stanno incorporando i parametri del format globale UNESCO "Città creativa" per modellare la *Smart City* in modo eco-tecnologico-culturale[38]. L'obiettivo è quello di intendere l'"intelligente" non solo come infrastruttura tecnica, ma di combinarlo attivamente con il "creativo" come caratteristica umana attiva – e quindi di intendere l'intero costrutto come una sorta di opera d'arte in movimento.

Una domanda per la trasformazione in una "città intelligente e creativa" è: come possono i dirigenti e i dipendenti delle enti territoriali e comunali e delle loro amministrazioni essere ispirati al processo di cambiamento e diventarne attivamente co-autori? Come prerequisito, hanno bisogno di un'educazione al futuro integrata, cioè di un'"alfabetizzazione al futuro" orientata al sistema, come nel modello UNESCO[39]. L'innovazione tecnologica non ha senso – o addirittura è sostenibile – senza l'educazione al futuro.

Tecnologie di sistema come strumenti di sistema

Per trasformare i processi di cambiamento in sistemi più intelligenti, ecologici e creativi, sono necessarie nuove tecnologie sociali. Questo perché ogni innovazione di sistema intelligente richiede soluzioni aggregate o "cluster di progresso" per essere efficace, per non rimanere indietro o addirittura per non causare danni al sistema altrove. I componenti del sistema del futuro includono organizzazioni di rete agili che possono utilizzare il networking tecnologico per implementare forme creative di progettazione congiunta, come la "sociocrazia"[40] e l'"olocrazia"[41]. Questo include anche gli "hackathon", ovvero forum di soluzioni orientate ai cittadini in Internet che sono generalmente accessibili e in cui le comunità online possono sviluppare soluzioni concrete a problemi urgenti[42]. Gli hackathon sono la forma positiva delle opportunità a volte negative dei social media. Alcuni chiamano "LerNetzOkratie" ciò che è reso possibile da una tecnologia di comunicazione avanzata[43].

A ciò si aggiunge il settore dell'energia con l'innovazione dell'idrogeno – probabilmente nei prossimi anni differenziata nella sua applicazione – e soprattutto il settore delle batterie.

Infine, ci sono anche sviluppi come la decentralizzazione della finanza e delle banche grazie all'intelligenza artificiale e alla *Blockchain*. Ciò offre ai consumatori maggiore indipendenza, autonomia e personalizzazione nella gestione del reddito e del patrimonio. Entrambi sono strettamente legati all'emergere della "subscription economy"[44]. Il fatto che sempre più processi e prodotti economici si basino su strutture di pre-ordine o di abbonamento utilizzando la tecnologia della comunicazione potrebbe contribuire a una maggiore attenzione alle singole persone invece che alla pura crescita basata sulla pratica anonima dell'apprendimento algoritmico[45]. Una maggiore precisione nella produzione attraverso la "personalizzazione" del consumo previsto, perché preordinato, potrebbe ridurre la sovrapproduzione, evitare gli sprechi e migliorare il rapporto dell'economia con l'ambiente[46]. L'"economia dell'abbonamento" può essere realizzata solo attraverso l'implementazione tempestiva di condizioni tecnologiche adeguate, come le reti di pagamento corrispondenti[47]. Queste potrebbero poi essere personalizzate a livello territoriale, ad esempio con l'aiuto di monete speciali o circolari regionali.

L'economia dei dati può consentire un reddito di base incondizionato

Tutto questo deve essere visto in un quadro generale che deve essere organizzato, come detto, in modo olistico. L'economia dei dati può essere un punto di convergenza per questi sviluppi.

L'economia dei dati, in altre parole se ai privati viene concessa la piena portata e pratica dei diritti esistenti ai sensi della Direttiva UE 2016 e dei successivi regolamenti[48], offre l'opportunità a ogni altoatesino di possedere in futuro i propri dati – vale a dire tutti i dati che produce attraverso l'uso quotidiano di dispositivi elettronici e di internet. La proprietà dei dati consentirà quindi ai cittadini di mantenerli privati o di venderli volontariamente, generando così un proprio reddito – controllato e gestito in modo decentralizzato utilizzando nuove tecnologie "orizzontali" di verifica in tempo reale come la forma civile (non speculativa di valuta) della *Blockchain*[49]. Secondo le stime degli esperti, la gestione autonoma dei propri dati da parte dei cittadini potrebbe generare un reddito di base incondizionato compreso tra i 4.000 e i 10.000 euro all'anno[50], anche se realisticamente è probabile che sia inferiore piuttosto che superiore nei singoli casi. Ciononostante, si tratterebbe di soldi senza sforzo, se non quello di utilizzare, come già avviene, il proprio telefono cellulare, il computer e Internet.

Se l'Alto Adige riuscisse a trovare le modalità e gli strumenti per rinunciare alla tassazione in questo caso, ciò significherebbe che in futuro ogni cittadino riceverebbe un reddito aggiuntivo utilizzando computer, Internet e telefoni cellulari come di consueto, grazie a una combinazione di intelligenza artificiale e *Blockchain*, senza dover lavorare per ottenerlo. Se nei prossimi anni l'Alto Adige riuscirà ad attuare un progetto pilota territoriale in questo senso, il che avrebbe senso perché l'Alto Adige, con poco meno di 600.000 cittadini, è gestibile per l'analisi del caso, potrebbe diventare un caso modello per lo sviluppo. In definitiva, rendere l'economia dei dati ampiamente disponibile per i cittadini in Alto Adige, come in Italia e Europa, significherebbe democratizzare la società degli algoritmi. Di questo si sta già discutendo a livello internazionale – come desiderio della società civile – in relazione all'aggiunta di un 18° Obiettivo di Sviluppo Sostenibile (SDG) per la democratizzazione degli algoritmi da parte di UNESCO, Nazioni Unite, OCSE e WEF, tra gli altri.[51]

Realtà tecnologiche immersive e nuove tecnologie umane

Altre tecnologie future che caratterizzeranno i prossimi anni e che quindi dobbiamo esaminare e considerare tempestivamente per l'Alto Adige sono le nanotecnologie, le biotecnologie e le neurotecnologie. In particolare, le tendenze che si delineano all'interfaccia tra tecnologia e biologia diventeranno sempre più importanti, non da ultimo in medicina, dove anche l'Alto Adige è destinato a fare passi da gigante. Oggi stiamo vivendo i segni premonitori dell'era biotecnologica: la dissoluzione reciproca dei confini tra tecnologia e biologia, che potrebbe portare a una "età ibrida dell'uomo e della macchina"[52].

Infatti nei prossimi anni, le "nuove tecnologie umane"[53] svolgeranno un ruolo chiave nel collegare le tecnologie più diverse. Esse uniranno gli esseri umani, i computer, l'intelligenza artificiale, l'Internet delle cose e le macchine direttamente gli uni con gli altri, trasferendo così gli esseri umani e la tecnologia dall'interazione alla convergenza o "ibridazione". Esistono già oggi interfacce cervello-computer (BCI), interfacce cervello-macchina (BMI) e, dal 2019, anche interfacce cervello-cervello (BBI)[54]. Esse consentono il trasferimento del pensiero umano a macchine e dispositivi tramite impianti che in modalità wireless utilizzando le cosiddette cuffiette emotive o *Brain Wearables*. Si tratta di lettori di attività cerebrale indossati sulla testa che collegano l'attività cerebrale in tempo reale con dispositivi e computer, che a loro volta reagiscono ad essa. Queste connessioni possono anche collegarsi a realtà virtuali e aumentate tramite connessioni *Human Cloud*.

Per il momento, questa tendenza alla fusione di dispositivi tecnici e persone non sta ancora portando a un'integrazione "chiara e sicura". Finora ha portato a una sovrapposizione e a un'attenuazione sempre maggiore dei confini tra il mondo fisico e quello digitale, con conseguenti problemi e opportunità. Uno dei problemi è la dissoluzione latente del precedente concetto di realtà. Le opportunità includono l'apprendimento da modelli virtuali prima di intervenire nella realtà, ad esempio nei settori dell'ambiente, della sostenibilità, della medicina e della modificazione del corpo[55].

Il risultato: definire la realtà sta diventando sempre più importante

L'intersezione tra le "tecnologie ponte" tra uomo e macchina e la loro interazione con le realtà virtuali è destinata a evolversi rapidamente rispetto ai suoi attuali inizi. Insieme, ciò richiede un nuovo apprendimento e un'ampia "alfabetizzazione digitale" nel senso di un nuovo pensiero critico: una profondità di discussione per vedere le realtà future come realtà duali tecnico-fisiche e per adattare l'acquisizione di informazioni e la formazione di opinioni. In relazione a ciò, è necessario anche un concetto olistico per un nuovo mondo del lavoro, ovvero per il mondo dei "luoghi di lavoro futuri". In questo contesto, gli spazi costituiranno un'unità che, ad esempio in architettura, consentirà nuove possibilità di inserimento in armonia con l'ambiente, nonché una pianificazione e progettazione spaziale complessa e dinamica in tempo reale.

Le tecnologie del futuro diventeranno nodi di vita

Per concludere questa visione a tutto tondo, la dimensione attuativa delle tecnologie future comprende anche nuove forme di autogestione interiore che sappiano affrontare la complessità del nuovo mondo della tecnologia. Tra queste, spicca il modello degli *Inner Development Goals* promosso dalle Nazioni Unite[56], ovvero gli obiettivi di sviluppo interiore delle persone. Dal 2020, questi obiettivi possono essere affiancati agli Obiettivi di Sviluppo Sostenibile

(SDG), che sono per lo più esterni e materiali. Ciò è particolarmente importante per affrontare umanamente le nuove tecnologie e il loro crescente potere di trasformazione. I cinque "Obiettivi di sviluppo interiore" sono "Essere, pensare, relazionarsi, collaborare e agire"[57]. A questo si collega l'approccio della "leadership del servitore", ovvero la transizione consapevole dalla leadership attraverso una gerarchia personale a reti di team semi-autonomi che collaborano. Gli strumenti per le competenze future umanistici, come il *Futures Skills Navigator*[58], supportano lo sviluppo di nuove competenze umane tecno-cooperative e tecno-etiche.

Infine, anche il futuro delle forme di governo, la loro auto-concezione e auto-organizzazione sono tra le questioni di trasformazione che sono fondamentalmente legate al cambiamento tecnologico – attuale e futuro – e alle sue nuove forme sociali. Alcuni esperti, come Hellmut Wilke, associano l'attuale rivoluzione tecnologica alla richiesta di una "governance intelligente". D'altra parte, se la "nuova cibernetica" agisce in modo sempre più indipendente, potrebbe gradualmente annunciare l'"addio al principio democratico dell'uguaglianza politica"[59] – probabilmente anche in Alto Adige, se la costruzione del consenso politico non impedirà in tempo un tale sviluppo. Poiché le tradizionali forze politiche di centro tendono a garantire una volontà comune di plasmare le cose meno che in passato siccome sono state politicamente indebolite, a causa della diminuzione del potere coesivo le comunità "tecno-intelligenti" dovranno in futuro cercare strategie e soluzioni negoziate tra le parti civili.

Trasformazione sociale

In sintesi, le tecnologie del futuro influenzeranno praticamente tutti i settori della vita in Alto Adige. Diventeranno il motore applicato dell'economia e del benessere, ma anche il punto di svolta della vita quotidiana e dell'immagine di sé di molte persone.

Alla luce di questi elementi costitutivi dell'attuale trasformazione tecnologica, il Consiglio Europeo ha pubblicato il suo "Forward Look 2023" nel gennaio 2023[60]. In tale documento, facendo riferimento ai dati e agli studi di McKinsey[61], ha riconosciuto all'Europa il ruolo di leader solo in due delle dieci aree chiave di trasformazione delle "tecnologie trasversali":

1. nel futuro delle tecnologie pulite, tra cui l'energia solare, eolica, idroelettrica e nucleare, i veicoli elettrici e l'idrogeno;

2. nei materiali di nuova generazione, compresi i nanomateriali, i compositi e i semiconduttori come parte dell'offensiva sui chip dal 2023.

D'altra parte, l'Europa è in ritardo nelle altre otto aree tecnologiche del futuro, ovvero:

3. nell'automazione di livello successivo, compresa la robotica industriale, collaborativa e professionale, la produzione additiva e la virtualizzazione;
4. nel futuro della connettività, compresi il 5G e l'Internet degli oggetti (IoT);
5. nelle tecnologie distribuite, tra cui le tecnologie di archiviazione e piattaforma cloud e la condivisione dell'elaborazione orientata alle applicazioni tra dispositivi e vettori (edge computing);
6. nell'informatica di nuova generazione, molto più potente e simile al cervello, compresi l'informatica quantistica e il software neuromorfico;
7. nell'intelligenza artificiale applicata, compresa l'automazione dei processi robotici, l'ottimizzazione del processo decisionale, l'elaborazione del linguaggio naturale, la computer vision e la tecnologia del linguaggio;
8. nel futuro della programmazione, compreso il Software 2.0, la programmazione no-code e low-code;
9. nell'architettura della fiducia, compresa la *Blockchain*, la sicurezza informatica e la biosicurezza informatica;
10. nella bio-rivoluzione, comprese le biomolecole, i biosistemi, l'interconnettività bio-macchina e il biocomputing.[62]

Il ritardo dell'Europa in questi settori influenza sempre più le possibilità anche di regioni come l'Alto Adige. Spetta quindi anche alla politica provinciale consentire all'Alto Adige di recuperare il ritardo in questi settori e, se possibile, di svolgere un ruolo di pioniere[63]. Comunque sia, il futuro della tecnologia in Alto Adige è codeterminato dall'Europa. McKinsey ha così descritto le prospettive più importanti che riguardano anche l'Alto Adige in un rapporto del settembre 2022:

> "La tecnologia sta ormai permeando tutti i settori attraverso tecnologie trasversali come l'intelligenza artificiale, la biorivoluzione e il cloud. La ben nota debolezza dell'Europa in campo tecnologico è alla base di un problema crescente di performance aziendale. I dati mostrano che le prestazioni aziendali complessive in Europa sono insoddisfacenti. Man mano che la tecnologia permea tutti i settori e le economie di scala e il dinamismo delle imprese aumentano, l'approccio attuale dell'Europa non è più sostenibile."[64]

McKinsey cita tra le ragioni in particolare il nuovo ruolo trasversale delle tecnologie del futuro per tutti gli altri settori:

"Le tecnologie dell'informazione e della comunicazione (TIC) una volta erano un settore tra gli altri. Oggi sono presenti ovunque, in tutti i settori. La base tecnologica creata nelle TIC ha dato origine a una serie di tecnologie trasversali che si diffondono orizzontalmente nella maggior parte degli altri settori. L'effettiva creazione di valore si sta spostando verso queste aree orizzontali, sfruttando le dinamiche degli effetti di rete nello sviluppo tecnologico e delle economie di scala nell'applicazione delle tecnologie. Il World Economic Forum (WEF) stima che nei prossimi dieci anni il 70 % della creazione di valore nell'intera economia sarà abilitata dal digitale. Si tratta di una dinamica che è stata accelerata dalle [conseguenze della] pandemia COVID-19. La mancanza di portata dell'Europa nelle tecnologie trasversali sta mettendo a rischio la sua posizione in quasi tutti i settori, comprese le attuali roccaforti come nel settore automobilistico e nel settore dei beni di lusso. Il fatto che l'Europa non sia riuscita a tenere il passo con gli Stati Uniti nella prima ondata tecnologica, incentrata su Internet e sul software, significa ora che l'Europa si trova in una posizione piuttosto debole nelle tecnologie trasversali, in tutti i settori. In gioco non c'è solo la performance delle imprese europee, le loro capacità tecnologiche, la loro crescita economica e la loro prosperità, ma anche i loro progressi in materia di sostenibilità."[65]

Secondo questa analisi, la forza innovativa delle tecnologie trasversali diventerà un fattore di crescita decisivo in Europa e in Alto Adige. L'Alto Adige deve quindi fare di più nei prossimi anni, soprattutto per quanto riguarda gli obiettivi di sostenibilità tecnologica:

"Sebbene si discuta se una crescita più bassa sia necessaria per raggiungere la sostenibilità e arrestare il cambiamento climatico, è convincente anche l'argomentazione opposta: la crescita aumenta la fiducia e crea un clima di investimenti sano per generare innovazione legata alla sostenibilità e nuovi flussi di reddito necessari per finanziare la transizione energetica. Il calo della crescita potrebbe anche minare l'inclusione [sociale], poiché i fondi disponibili per i programmi sociali diminuiscono. Se l'Europa non fosse in grado di migliorare le tecnologie trasversali, le imprese europee potrebbero perdere 2-4.000 miliardi di euro di creazione di valore all'anno entro il 2040 – valore che potrebbe tradursi in salari più alti, migliore assistenza sanitaria, maggiori investimenti nella sostenibilità e così via. Il valore in gioco equivale al 30-70 %

della crescita del PIL prevista in Europa tra il 2019 e il 2040, ovvero un punto percentuale di crescita all'anno. In prospettiva, si tratta di una cifra sei volte superiore a quella necessaria [all'UE] per passare a emissioni nette zero. E rappresenterebbe circa il 90 % di tutta la spesa sociale attuale in Europa."[66]

Particolarmente importante per l'Europa e l'Alto Adige è il nesso tecnologia-sostenibilità e ha molto a che fare con il crescente ruolo di autonomie strategiche e pratiche. In futuro, ogni forma di autonomia sarà più tecnologica che in passato:

> "Negli ultimi anni si è parlato molto di autonomia energetica. Tuttavia, i cambiamenti economici globali stanno alimentando la necessità di un'autonomia strategica nelle tecnologie critiche. L'autonomia tecnologica è compatibile con le economie aperte e la cooperazione globale. Può essere raggiunta attraverso una serie di opzioni di approvvigionamento indipendenti ... Ma richiede anche che le aziende europee costruiscano ed espandano la loro capacità. Oggi, ad esempio, i semiconduttori prodotti in Europa coprono solo il 9 % della domanda europea. Le aziende europee detengono solo una quota di mercato di circa il 10 % nella catena del valore globale dei semiconduttori. E non c'è nessun attore in Europa con una quota di mercato superiore all'1 % nel settore dei servizi infrastrutturali ..."[67].

Secondo McKinsey, tutto questo può significare solo una cosa per i politici e i decisori: un maggiore coinvolgimento della società civile.

> "I decisori e le aziende europee devono passare all'offensiva per migliorare le loro capacità tecnologiche e la loro competitività. L'Europa può e deve continuare a sfruttare i suoi numerosi punti di forza. Tra questi, i suoi sistemi educativi di alta qualità, che producono talenti di primo piano in campo scientifico, tecnologico, ingegneristico e matematico, nonché alcuni dei lavoratori con la formazione professionale più produttiva. L'Europa è anche la grande economia più aperta e interconnessa del mondo. Tuttavia, la posta in gioco per l'Europa è così alta che i responsabili politici dovrebbero prendere in considerazione l'idea di aprire nuove strade e rivalutare i compromessi in modi che prima erano considerati scomodi. Con il diffondersi della dinamica "chi vince prende tutto", l'Europa deve giocare su una scala più ampia e a un ritmo più veloce, offrendo alle sue imprese condizioni di parità. Poiché le fonti della concorrenza – e della crescita – si spostano verso l'innovazione tecnologica dirompente e gli intangibili, sta emergendo una dinamica in cui la scala, la velocità e gli ecosistemi tecnologici consolidati stanno diventando sempre più importanti."[68]

Tutti i punti di forza citati valgono anche – in forma concentrata – per l'Alto Adige, che può essere considerato una delle micro-società più europeizzate d'Europa. Il termine "ecosistemi tecnologici" è quindi importante anche per il nostro territorio. Esso indica la sfida fondamentale di considerare i sistemi tecnologici come ecosistemi – e di modellarli come tali nel lungo periodo. In questa prospettiva, la socializzazione e l'ecologizzazione della tecnologia includono anche una nuova rete territoriale di riparazione che permette di rinnovare le cose invece di buttarle via. La riscoperta del sistema di riparazione e la creazione di corrispondenti reti di officine che coprano il territorio è una componente importante di qualsiasi rivoluzione olistica della sostenibilità eco-tecno-sociale. Per questo motivo il settore della riparazione dovrebbe essere incluso nello sviluppo dei futuri sistemi di rete.

2. Ecosistemi sociali

È chiaro che gli ecosistemi tecnologici devono essere una dimensione da affrontare. Gli ecosistemi sociali sono la seconda dimensione complementare del cambiamento tecnologico. Devono essere presi in considerazione fin dalle prime fasi dell'implementazione e dell'organizzazione delle reti tecnologiche e, se possibile, coinvolti attivamente fin dall'inizio. Oggi gli esperti concordano ampiamente sul fatto che più le innovazioni tecnologiche cambiano la vita e la società, più devono essere adattate ai contesti sociali locali e progettate in modo socialmente equilibrato, al fine di ridurre piuttosto che aumentare le disuguaglianze. Tuttavia, non esiste una ricetta astratta e universale per farlo. Questo vale per i seguenti motivi:

- ciascuna tecnologia produce diversi cambiamenti culturali e sociali;
- ogni ecosistema sociale è diverso;
- anche in aree piccole come l'Alto Adige, coesistono e interagiscono tra loro molti micro-ecosistemi sociali ancora più circoscritti. Molti di essi perseguono un proprio futuro, e non sempre comunicano tra loro o si percepiscono come coerenti.

Per quanto riguarda gli ecosistemi sociali, è necessario adattare i sistemi tecnologici all'ambiente, differenziare l'orientamento e integrare la diversità. La buona notizia è che proprio in questo ambito la tecnologia stessa può essere d'aiuto. Qui, tre aree sono particolarmente importanti:

– *In primo luogo*, il tema della "pari interattività" nel settore tecnologico. Come indebolire o impedire monopoli, strutture di potere e gerarchie a favore di una partecipazione più ampia e di una reciprocità sistemica? Questo vale non solo per gli aspetti futuri dell'"economia dell'estrazione dei dati"[69], ma anche per le questioni relative all'accesso e alla distribuzione delle informazioni in generale. E vale non solo a livello internazionale, ma anche a livello regionale.
– *In secondo luogo*, il tema della durata della vita legata alla tecnologia. Si tratta di questioni di invecchiamento. E si tratta di riferimenti generazionali nell'uso culturale delle tecnologie. Insieme all'uguaglianza di genere, questo può diventare un importante tema generale per l'Alto Adige, perché qui confluiscono molte aree diverse che hanno a che fare con la coesione sociale e la convivenza. In futuro, la ricerca su come la tecnologia possa contribuire a un buon corso di vita, compreso l'invecchiamento, si concentrerà sempre più sulle questioni del genere biologico e sociale, che non sono identiche. Qui la tecnologia, ad esempio l'intelligenza artificiale, può contribuire alla precisione dell'individualità.
– *In terzo luogo*, gli ecosistemi sociali comprendono lo "sviluppo incorporato" della tecnologia nei sistemi educativi e mediatici. Lo sviluppo tecnologico e la sua influenza sull'istruzione, spesso non sufficientemente pubblicizzata, richiedono misure educative e informazioni pubbliche adeguate[70]. Senza eccezioni, sono le tecnologie mediatiche che stanno cambiando la nostra società oggi più della maggior parte delle altre forze. Le generazioni più giovani, in particolare, dovrebbero avere l'opportunità, da parte dei decisori politici e sociali, di sviluppare una consapevolezza critica e costruttiva della tecnologia mediatica, ad esempio attraverso una maggiore promozione da parte dei media delle discussioni sulla tecnologia e l'ampliamento del tema della "consapevolezza tecnologica" nell'ambito dell'educazione sociale nelle scuole di ogni livello.

"Tecnologia intermedia"

Uno dei concetti di integrazione più promettenti per collegare la tecnologia agli ecosistemi sociali è oggi quello di "mid-tech"[71]. Il concetto di "mid-tech", o tecnologica intermedia, si adatta bene all'equilibrio di cui ha bisogno l'Europa unita. Inoltre, il concetto di "mid-tech" si adatta bene all'Alto Adige e al suo orientamento culturale, che è sostenuto dalla classe media e concilia fondamentalmente tra diversi gruppi etnici e sociali. Secondo gli esperti, la "tecnologia di intermedia" si basa sulla consapevolezza che

> "le idee tecnologiche danno forma alle visioni del futuro: dall'intelligenza artificiale alla tecnologia dei libri contabili distribuiti, fino alla stampa tridimensionale: gli artefatti high-tech sono oggi molto spesso i prerequisiti dei concetti del futuro. Tuttavia, la tecnologia non si riferisce solo agli artefatti. La tecnologia comprende anche i processi che la circondano: come questi artefatti vengono progettati, prodotti, utilizzati, mantenuti e smaltiti. Da questo punto di vista, le visioni ad alta tecnologia spesso ignorano le questioni legate all'estrazione delle risorse, all'uso della manodopera, al consumo di energia e ai flussi di materiali. Al contrario, le alternative locali e a bassa tecnologia spesso generano idee con un minore impatto negativo e una maggiore resilienza. Tuttavia, a volte non offrono soluzioni della portata e dell'intensità desiderate. Per risolvere questa tensione, abbiamo bisogno di una visione alternativa in termini di 'tecnologia di mezzo', ovvero di un equilibrio tra le caratteristiche opposte dell'alta tecnologia e della bassa tecnologia"[72].

In linea di principio, la "tecnologia intermedia" o "tecnologia di mezzo" consiste nel collegamento consapevole di tecnologie ad alta complessità e alto consumo di risorse con tecnologie a bassa complessità e basso consumo di risorse, adattate al rispettivo ambiente. Diversi gruppi sociali sono inclusi in questo "collegamento al centro" nella mediazione tra "alto" e "basso". Il centro integra anche la disponibilità di risorse. Ciò significa che la "tecnologia intermedia" dovrebbe essere adatta a collegare diversi ecosistemi di tecnologia sociale e i loro vari partecipanti. Un gruppo di autori attorno a Vasilis Kostakis scrive su questo tema concentrandosi sul classico caso d'uso della "città intelligente" discusso in precedenza:

> "Esistono approcci di tecnologia intermedia dal punto di vista delle città e noi ... [possiamo] mostrare come [essi] possano supportare pratiche di big data più responsabili dal punto di vista sociale e ambientale per l'amministrazione cittadina."[73]

Gli autori lo spiegano in dettaglio:

> "Oggi la "città intelligente" è il simbolo di un futuro urbano supportato dalla tecnologia. Utilizza le tecnologie per migliorare l'efficienza dei servizi urbani, ridurre il consumo di risorse in generale e le emissioni di CO_2 e coinvolgere più attivamente i cittadini. Gli edifici pubblici, ad esempio, possono essere illuminati con "luci intelligenti", ossia lampade dotate di sensori collegati a Internet e controllabili a distanza. Possono anche essere collegate ai computer e seguire i comandi vocali, i movimenti o altri segnali dei sensori. Questo

sistema high-tech consente di risparmiare energia, in quanto le lampade possono essere spente e accese senza soluzione di continuità. Ma quando si parla di risparmio energetico, si tiene conto anche dei costi ambientali e dell'energia necessaria per la produzione e lo smaltimento o il riciclaggio di questi sistemi? Inoltre, quanto è facile mantenere i dispositivi high-tech, che di solito sono complessi e dipendono dal produttore?"[74]

È qui che entra in gioco la "bassa tecnologia", non come sostituzione, ma come integrazione e per trovare il giusto mix tra "alta" e "bassa" tecnologia:

> "I manufatti ad alta tecnologia come computer, sensori, batterie, turbine eoliche e pannelli solari richiedono metalli, che scarseggiano, e minerali rari. [...] Al contrario, i manufatti a bassa tecnologia generano un impatto minore e una maggiore resilienza. Ad esempio, invece di un edificio "illuminato in modo intelligente", si potrebbe progettare un edificio basato sul concetto di architettura passiva, sfruttando maggiormente la luce diurna. In alternativa, si potrebbero utilizzare semplici connessioni plug-in per edifici di piccole dimensioni che consentano un facile montaggio e smontaggio. La bassa tecnologia è progettata per essere il più semplice possibile ed è quindi solitamente economica, facile da installare, mantenere e adattare ai cambiamenti. Tuttavia, la bassa tecnologia potrebbe non fornire le caratteristiche, la scala e l'intensità delle soluzioni desiderate. È quindi necessaria una sintesi delle due polarità: alta tecnologia e bassa tecnologia."[75]

La soluzione sta quindi nel mezzo, ovvero nella "tecnologia intermedia":

> "[Un'iniziativa di tecnologia intermedia può] illustrare come gli elementi di bassa tecnologia e di alta tecnologia possano essere combinati in modo sinergico. [Essa può] dimostrare come un approccio di tecnologia intermedia possa attenuare e superare i confini [tra le due] per sostenere pratiche di progettazione più responsabili dal punto di vista sociale e ambientale. La sintesi tra elementi a bassa tecnologia e ad alta tecnologia può sfruttare la versatilità delle tecnologie di digitalizzazione e automazione, aumentando al contempo l'autonomia e l'adattabilità degli utenti finali. La tecnologia intermedia si basa su una concezione della tecnologia che riconosce esplicitamente che lo "scambio di dati" è inevitabilmente legato a uno scambio disuguale di materia/energia, e apre nuove vie di coordinamento e di adattamento reciproco. Un approccio dalla tecnologia intermedia ai sistemi socio-tecnici complessi, come le infrastrutture urbane, consiste nella creazione di spazi di deliberazione e partecipazione a livello umano, basati sull'azione collettiva."[76]

L'economia tecnologica come economia del significato

In termini di conseguenze, tutto ciò si ricollega in ultima analisi all'"economia di scopo", oggi giustamente molto discussa[77]. La "purpose economy" eleva il significato sociale e individuale al centro dell'attività economica. Per il suo riferimento alla comunicazione e all'integrazione dei valori, è anche vista da molti come il fulcro di una nuova economia tecnologica che si riferisce il più possibile a processi significativi e umani. I quattro scenari dell'economia del significato sono:

1. direzione sostenibile;
2. crescita e cooperazione;
3. resilienza focalizzata;
4. guida agile.[78]

Tutti e quattro sono fondamentali anche per il futuro della tecnologia sociale, almeno se si vuole che sia integrata con successo nella transizione verso la sostenibilità.

L'estensione dell'economia degli abbonamenti

Abbiamo già accennato brevemente alla "subscription economy" come elemento costitutivo di un'economia sostenibile attraverso l'espansione di tecnologie adeguate. Questo aspetto sta infatti acquisendo rapidamente importanza nel contesto dell'integrazione delle tecnologie future con gli ecosistemi sociali. Questa forma di economia merita quindi un esame più approfondito. In fondo, è anche un'espressione dei due scenari dell'economia sensibile: "resilienza focalizzata" e "guida agile".

Come già accennato, una "economia dell'abbonamento" significa idealmente che la produzione non è più prodotta in massa in anticipo, ma che – nell'ambito di un'economia di mercato liberale – la produzione e la consegna possono essere mirate in base alle esigenze utilizzando nuove tecnologie di rete che collegano consumatori e produttori in tempo reale. Non è detto che ciò avvenga in tutti i settori, ma in alcuni può rivelarsi conveniente. Strutturalmente, si tratta di una via di mezzo tra l'economia sociale di mercato e l'economia pianificata, ma questa volta non da parte dello stato, bensì dal settore privato. L'economia di abbonamento, che nasce dal basso anziché dall'alto, è più favorevole ai clienti da un lato e più efficiente in termini di costi e risorse dall'altro. In terzo luogo, è anticipatrice, cioè esplicitamente orientata al futuro e non al passato dei comportamenti e delle abitudini. La possibilità di sottoscrivere abbonamenti per un numero senza precedenti di esigenze attuali e future, rendendo così superfluo il possesso fisso – ad esempio di film su Internet o di dispositivi di uso quotidiano – è resa possibile solo dalla digitalizzazione capillare. I suoi processi potrebbero presto avere un impatto sociale molto più ampio di quanto previsto finora, se gli abbonamenti alle attività e ai servizi verranno estesi e resi tecnologicamente semplici, a misura di cliente, veloci e sicuri per una gamma sempre più ampia di esigenze.

Ciò dipende dai meccanismi di mercato e riguarda non solo la mobilità – con le auto condivise, ad esempio – o i servizi di streaming, ma anche una gamma di opzioni in rapida espansione per le necessità quotidiane. Ciò significa che la globalizzazione, con le sue forme spesso anonime di produzione e consumo, può essere contestualizzata a un livello più concreto e "glocale"[79] – soprattutto se l'economia degli abbonamenti viene adattata e implementata anche dal settore pubblico dopo un'adeguata fase di maturazione. Come scrivono i sostenitori della "subscription economy", si tratta fondamentalmente

> "della questione della crescita riguardo soprattutto le persone, non i prodotti. Che cos'è l'economia dell'abbonamento? È un concetto che rispecchia le metriche di crescita di centinaia di aziende in abbonamento in settori moderni come il software come servizio (SaaS) e l'e-commerce. L'economia dell'abbonamento si riferisce alla tendenza delle aziende a passare dal tradizionale modello di pagamento per prodotto a un modello di business in abbonamento. Il modello di abbonamento prevede la vendita di abbonamenti ricorrenti ai consumatori in cambio dell'accesso a un prodotto o a un servizio per un periodo di tempo. Oggi non si tratta più del prodotto o codice, ma di come le persone traggono valore dall'abbonamento al prodotto. Una strategia che mette al centro le persone, piuttosto che il prodotto, significa che le persone stanno guardando alla loro esperienza di prodotto in modo diverso:
>
> – si tratta di accesso, non di proprietà;
> – si tratta di adattamento e personalizzazione, non di generalizzazione;
> – si tratta di un miglioramento continuo, non di una rottura programmata o di un'obsolescenza prevedibile;
> – si tratta di automatizzare i miglioramenti e costruire relazioni;
> – non si tratta di essere perfetti, ma di essere reattivi."[80]

Ciò significa che l'economia degli abbonamenti può anche far parte del futuro della globalizzazione nel senso della "glocalizzazione"[81], perché si concentra su un'esperienza del cliente personalizzata piuttosto che generalizzata. Per le aziende, questo significa una crescente importanza dell'"economia comportamentale":

> "Le organizzazioni stanno aumentando il loro valore e costruiscono relazioni a lungo termine collegando la crescita dei ricavi direttamente alle aspettative dei singoli clienti. L'economia comportamentale e la scienza comportamentale sono fondamentali per far sentire gli utenti apprezzati in base alle loro esigenze e soluzioni personali. Resistendo all'impulso di ridurre le esperienze umane a punti di dati e concentrandosi invece sul modo in cui le persone pensano e rispondono a un prodotto, le aziende possono passare dall'obsolescenza programmata a un modello di ricavi incentrato sul miglioramento continuo. Fortunatamente, con la crescita del mercato, è sempre più facile raccogliere il feedback dei clienti sull'utilizzo e vedere come ne traggono vantaggio. Questo è un modo sostenibile per aumentare la crescita degli abbonamenti nel tempo."[82]

Se questo modello venisse adattato alle esigenze regionali in diverse aree da determinare congiuntamente, si potrebbero ottenere cambiamenti strutturali che in ultima analisi portano benefici non solo ad alcuni, ma a molti abitanti di un'area. Tuttavia, il prerequisito è una mentalità più orientata al futuro e al tempo, piuttosto che al presente e al prodotto:

> "L'economia degli abbonamenti richiede un modo diverso di guardare al rilascio dei prodotti. Invece della vecchia mentalità secondo cui gli ingegneri devono perfezionare un prodotto prima di lanciarlo, le aziende che hanno successo nel settore degli abbonamenti capiscono che non si tratta tanto di essere perfetti quanto di rispondere al feedback degli utenti. Ciò richiede cambiamenti all'interno dell'organizzazione, cambiamenti nel canale di distribuzione e cambiamenti nel reparto innovazione. Si tratta di valore della vita del cliente e di sistemi di innovazione."[83]

Come scrivono alcuni teorici dell'"economia dell'abbonamento",

> "al centro dell'economia dell'abbonamento c'è l'idea che i clienti preferiscano abbonarsi alle esperienze che desiderano piuttosto che acquistare un prodotto che devono tenere in mano. I clienti sono cambiati, i consumatori di oggi vogliono esperienze, non proprietà. Individualizzazione, non gene-

> ralizzazione. Miglioramento costante, non obsolescenza programmata. E il risultato? Le aziende stanno cambiando il modo di vendere i loro prodotti e servizi. Negli ultimi anni abbiamo assistito a un'esplosione di nuovi modelli di business, tutti finalizzati a fidelizzare i clienti: basti pensare a Netflix, Amazon Prime, Uber, Spotify, Salesforce, Zendesk e Box. Il termine economia degli abbonamenti è stato coniato per descrivere questa nuova era di aziende e modelli di business."[84]

La questione è come gli aspetti positivi di questa nuova economia della "tecnologia della distribuzione" possano essere trasferiti al settore pubblico e utilizzati più a beneficio delle comunità che solo delle singole imprese. Ciò presuppone che le nuove possibilità di relazione tecnologica possano, se non debbano, portare a nuovi modi di pensare:

> "Concentrarsi sulle relazioni richiede un nuovo modo di pensare. Piuttosto che concentrarsi sul prodotto o sulla "transazione", le aziende dell'economia dell'abbonamento vivono e muoiono in base alla loro capacità di concentrarsi sul cliente. Quindi, come azienda dovete concentrarvi sul monitoraggio dell'utilizzo, sulla prenotazione di entrate ricorrenti e sulla ricerca di nuovi modi per fornire un valore continuo ai vostri clienti che crei una fedeltà a lungo termine. Per farla breve: l'economia degli abbonamenti è una nuova era con un nuovo imperativo per tutte le aziende: trasformare i clienti in abbonati. In questo modo, si crea una relazione reciprocamente vantaggiosa."[85]

Immaginiamo che le crescenti possibilità della digitalizzazione possano essere sfruttate nel medio e lungo termine per aiutare una *subscription economy* per ottenere vantaggi nella vita pubblica dei cittadini. Almeno in teoria, questo potrebbe aprire nuove possibilità, più flessibili e più sostenibili, dalla mobilità ai servizi

La fusione di middle technology, sense economy e subscription economy con gli ecosistemi sociali

Per riunire e implementare applicazioni tecnologiche come la *middle technology*, l'economia sensoriale e la subscription economy per gli ecosistemi sociali, è innanzitutto importante coinvolgere i vari partner sociali e gli stakeholder. In questo modo è possibile sviluppare la fiducia nella nuova era della collaborazione uomo-macchina.

Questa fiducia è il prerequisito per la formazione di focus communi della società. È inoltre essenziale per l'accettazione dei nuovi sviluppi tecnologici da parte dei cittadini. Questi ultimi, infatti, stanno da tempo riflettendo sui vantaggi e gli svantaggi delle nuove tecnologie per i propri ecosistemi. Questo processo deve essere ripreso in modo costruttivo nei prossimi anni, rafforzato e dotato di piattaforme per la costante riorganizzazione del dibattito sociale nel settore tecnologico[86]. Questa è la base per il rinnovamento della fiducia in condizioni di alta tecnologia[87] – una fiducia che sarà decisiva per il mantenimento della solidarietà. Studiosi come Dewey Murdick esprimono questi requisiti, che rappresentano una sfida sia per il settore pubblico che per la società civile, utilizzando l'esempio della tecnologia dell'intelligenza artificiale (IA):

> "Data la rapida integrazione dell'IA nella nostra vita quotidiana, tutti noi dobbiamo imparare quando e se fidarci di questa tecnologia, comprenderne le capacità e i limiti e adattarci all'evoluzione di questi sistemi e delle nostre relazioni funzionali con essi …"[88]

In dettaglio, Murdick sottolinea che

> "la fiducia è la chiave per una partnership di successo tra esseri umani e IA. La fiducia si costruisce nel tempo attraverso la formazione e l'esperienza. Il livello di fiducia che riponiamo nell'IA dovrebbe essere attentamente misurato e valutato. Vale la pena di pensare a come applicare gli aspetti della sperimentazione rigorosa dei nuovi farmaci allo sviluppo e all'uso dei sistemi di IA. Dobbiamo adottare un approccio più attento e sistematico per valutare il modo in cui l'IA e gli esseri umani lavorano insieme, tenendo conto dell'impatto immediato e a lungo termine sul processo decisionale umano. Le prestazioni dei sistemi di IA variano spesso in modo significativo a seconda dei casi d'uso e degli ambienti sociali. È importante che gli utenti capiscano quando i sistemi di IA possono funzionare bene o male e che possano personalizzare la loro interazione. È fondamentale che i test non si limitino a valutare il sistema di IA, ma esaminino anche il rapporto di fiducia tra esseri umani e macchine, poiché il loro successo congiunto negli scenari del mondo reale è di fondamentale importanza."[89]

E, per finire, questo a sua volta ha a che fare con l'inserimento dell'intelligenza artificiale – e di altre tecnologie future avanzate – in specifici ecosistemi sociali locali. Murdick propone quindi delle domande specifiche per la progettazione delle relazioni uomo-tecnologia negli ecosistemi:

"Dovremmo chiedere cose come:

– Le persone sentono di poter contare sull'IA per fare ciò che dovrebbe fare? [...]
– L'IA fornisce spiegazioni che gli esseri umani possono utilizzare efficacemente?
– Il sistema di IA ha svolto la funzione prevista come parte del team uomo-macchina?

Il feedback continuo è fondamentale per capire quanto un sistema di IA si integri bene con le attività del mondo reale, con circostanze e sfide mutevoli, e se aumenti davvero la produttività umana e la qualità del lavoro. In definitiva, questo tipo di domande può diventare una metrica nell'ambito della progettazione di sistemi di intelligenza ibrida"[90].

La conclusione di tutto ciò è chiara:

"Guardando al futuro, l'approccio di progettazione e valutazione che collega fiducia e metriche di prestazione tecnologica ha implicazioni che vanno al di là dell'immediato e potrebbe anche aprire la strada a nuovi progressi tecnici."[91]

3. Ecologia della conoscenza

Infine, l'ecologia della conoscenza è il terzo ed ultimo elemento costitutivo di una strategia equilibrata. Infatti, la tecnologia del futuro, il suo inserimento negli ecosistemi sociali e la sua integrazione nell'ambiente cognitivo ed educativo attraverso una "nuova ecologia della conoscenza" vanno di pari passo. Recenti ricerche suggeriscono che il campo della "ecologia della conoscenza" e le politiche di cambiamento tecnologico diventeranno inseparabili nei prossimi anni – e dovrebbero quindi far parte di qualsiasi strategia tecnologica equilibrata e integrativa. Ecco come scrivono gli scienziati:

"L'ecologia della conoscenza è un campo interdisciplinare che applica i principi ecologici ai processi e alle strutture della creazione e della diffusione della conoscenza [tecnologica]. Esamina le interrelazioni tra l'innovazione educativa e il discorso politico nel contesto della quarta rivoluzione industriale. [Al centro ci sono] questioni di relazione sistemica strettamente legate al cambiamento tecnologico, all'impatto ambientale e alla produzione di conoscenza."[92]

Al centro della ecologia della conoscenza c'è

> "l'emergere della quarta rivoluzione industriale dal mega cambiamento tecnologico e le tensioni tra l'innovazione tecnologica contemporanea e la sostenibilità politico-ambientale."[93]

La "nuova ecologia della conoscenza" è quindi legata fin dall'inizio a un aspetto etico globale. La capacità umana di riflessione ha bisogno di tempo per elaborare le impressioni e prendere forma. Tuttavia, molte persone non sono in grado di tenere il passo con la velocità crescente delle capacità di elaborazione e creazione tecnologica, ma neanche con l'appropriazione delle nuove pratiche tecnologiche presentate nelle immagini e nei media. Questo succede perché le persone sono umane – non costruite su chip o "superumane". La discrepanza fondamentale tra realtà tecnologica e riflessione critica è ancora più degna di considerazione in un momento in cui, ad esempio, l'intelligenza artificiale stessa – anche se ancora con l'aiuto dell'uomo – comincia a prendere posizione sulla propria etica[94]; e in cui gli scienziati stanno lavorando intensamente per consentire all'intelligenza artificiale di visualizzare i pensieri e i ricordi umani utilizzando simulazioni al computer[95]. Ciò solleva la questione di chi sta "vedendo" chi e di chi sta dando giudizi etici su chi.

Le politiche di cambiamento tecnologico, comprese quelle regionali, dovranno tenere maggiormente conto di questo "rovesciamento di tutte le cose" nei prossimi anni. Perché, quando cambiano le ecologie della conoscenza, cambiano anche i parametri sociali. Nei prossimi anni, le questioni etiche influenzeranno molte nuove possibilità tecnologiche in modo pratico, come, per esempio, la lettura della durata di vita residua attraverso la scansione degli occhi[96]. Come ci poniamo di fronte al fatto che le nuove tecnologie ci potrebbero permettere di sapere quando moriremo? Vogliamo saperlo? E questo ci renderà più o meno etici? Quale impatto sociale avranno queste nuove opzioni nel medio e lungo termine?

Il requisito fondamentale per una strategia tecnologica integrata: combinare i tre elementi costitutivi

Queste e altre domande sono associate a sfide umanistiche fondamentali. Insieme alla "rivoluzione transumanista"[97], ossia la tendenza a una convergenza sempre più diretta di esseri umani, computer e macchine, aprono un nuovo livello di requisiti per la riflessione sul futuro. Il futuro diventa quindi più importante per tutti gli attori della governance multilivello. Ciò richiede un sistema di riflessione etica trasversale in linea con le nuove possibilità, sia per la politica che per la stessa produzione di tecnologia e conoscenza. Questo significa che metodi eticamente riflessivi come la *Futures Literacy (FL)* dell'UNESCO e l'approccio *Anticipatory Innovation Governance (AIG)* dell'OCSE diventeranno importanti anche per l'orientamento tecnologico e scientifico dell'Alto Adige. L'obiettivo è quello di inserirli in tutte le parti del progresso tecnologico nel senso di un cerchio vivente e di riflettere costantemente su di essi in modo critico.

Nel complesso dovremo integrare anche in Alto Adige tre pilarstri fondamentali:

- tecnologie del futuro;
- ecosistemi sociali;
- ecologia della conoscenza.

La sfida sta nell'integrare i tre elementi costitutivi in modo adeguato all'ambiente.

Cosa ci riserveranno i prossimi anni?

Per la nostra provincia, la tecnologia del futuro, in tutta la sua diversità, può essere una forza che lavora per portare un progresso duraturo, generando così un progresso ampio e capillare per tutti i settori – ma soprattutto facilita la vita e giova alla vita quotidiana dei nostri cittadini. I politici altoatesini hanno tracciato la strada da seguire, ad esempio con l'istituzione del Parco Tecnologico NOI a Bolzano e Brunico. Ci sono quindi buone prospettive che i prossimi sviluppi vengano accolti e sfruttati a vantaggio di tutta la popolazione.

1 Stanford Center for Democracy, Development and the Rule of Law, Freeman Spogli Institute: Programme on Liberation Technology (2009 e seguenti), https://cddrl.fsi.stanford.edu/research/libtech.

2 Si veda, ad esempio, Gideon Lichfield: Inside the Race to build the best Quantum Computer on Earth. In: MIT Technology Review, 26 febbraio 2020, https://www.technologyreview.com/2020/02/26/916744/quantum-computer-race-ibm-google/.

3 Si veda Teseo la Marca: Intelligenza artificiale in politica: utopia o incubo? Intervista con Roland Benedikter. In: relevant.news, 26 luglio 2023, https://www.relevant.news/ki-politik/.

4 Gazzetta ufficiale dell'Unione Europea: Regolamento (UE) 2016/679 del Parlamento europeo e del Consiglio, del 27 aprile 2016, relativo alla protezione delle persone fisiche con riguardo al trattamento dei dati personali, nonché alla libera circolazione di tali dati e che abroga la direttiva 95/46/CE (regolamento generale sulla protezione dei dati), 4.5.2016, https://eur-lex.europa.eu/legal-content/DE/TXT/PDF/?uri=CELEX:32016R0679&from=DE. Si veda anche: Commissione europea: Protezione dei dati nell'UE. Protezione dei dati nell'UE: Regolamento generale sulla protezione dei dati (GDPR), direttiva sulla protezione dei dati nell'applicazione della legge e altre disposizioni relative alla protezione dei dati personali, n.d, https://commission.europa.eu/law/law-topic/data-protection/data-protection-eu_de; e: Ministero federale tedesco per gli affari economici e la protezione del clima: Regolamento generale europeo sulla protezione dei dati, 16 febbraio 2018, https://www.bmwk.de/Redaktion/DE/Artikel/Digitale-Welt/europaeische-datenschutzgrundverordnung.html.

5 Monitoraggio UE: COM (2020)66 – Strategia europea per i dati, https://www.eumonitor.eu/9353000/1/j9vvik7m1c3gyxp/vl6bhq5mueyy.

6 Commissione europea: Proposta di regolamento del Parlamento europeo e del Consiglio sulla governance europea dei dati (Data Governance Act), 25 novembre 2020, https://eur-lex.europa.eu/legal-content/DE/TXT/PDF/?uri=CELEX:52020PC0767&from=BG.

7 Gazzetta ufficiale dell'Unione Europea: Carta dei diritti fondamentali dell'Unione Europea, 2012/C326/02, 26 ottobre 2012, https://eur-lex.europa.eu/legal-content/DE/TXT/HTML/?uri=CELEX:12012P/TXT.

8 Cfr. Ministero federale tedesco dell'Istruzione e della Ricerca (BMBF): Studie: Die Zukunft von Wertvorstellungen der Menschen in unserem Land. Berlino, agosto 2020, https://www.vorausschau.de/SharedDocs/Downloads/vorausschau/de/BMBF_Foresight_Wertestudie_Langfassung.pdf?__blob=publicationFile&v=3.

9 Si veda ad esempio Roland Benedikter: What Is Intercommunicative Techno-Democracy? Trasformare l'immaginario sociale con l'alfabetizzazione al futuro. Capitolo del libro. In: Andreas Metzner-Szigeth (ed.): On the Interplay of Images, Imaginaries and Imagination in Science Communication. Firenze, Casa Editrice Leo S. Olschki 2022, collana: SCIENTIA atque USUS, Volume 3, pp. 269-285, https://www.olschki.it/libro/9788822268716.

10 Ministero federale tedesco dell'Istruzione e della Ricerca (BMBF): Foresight: Foresight – Orientamento per il mondo di domani, n.d., https://www.vorausschau.de/vorausschau/de/home/home_node.html. Si veda anche BMBF: Foresight come metodo di previsione strategica presso il BMBF, n.d., https://www.bmbf.de/bmbf/de/forschung/soziale-innovationen-und-zukunftsanalyse/foresight/foresight-als-methode-der-strategischen-vorausschau-im-bmbf/foresight-als-methode-der-strategischen-vorausschau-im-bmbf_node.html.

11 European Strategy and Policy Analysis System (ESPAS): https://www.espas.eu/.

12 Consiglio dell'Unione Europea / Analysis and Research Team (ART): EU Forward Look 2023, Bruxelles, gennaio 2023, https://www.consilium.europa.eu/media/61563/forward-look-2023-external_final.pdf?utm_source=twitter.com&utm_medium=social&utm_campaign=20230125-art-research-papers-forward-look&utm_content=visual-card.

13 Kuniko Urashima: Una panoramica dell'11° indagine previsionale in Giappone. In: Innovation and Development Policy 3 (2021), pp. 79-90, https://doi.org/10.3724/SP.J.2096-5141.2021.0005 e http://idp-journal.casisd.cn/browse/la/202203/P020220331604843759820.pdf. Si veda anche la Rete europea di monitoraggio del Foresight: Foresight S + T giapponese 2035. Foresight Brief No. 035, http://www.foresight-platform.eu/wp-content/uploads/2011/04/EFMN-Brief-No.-35-Japanese-S+T-Foresight-2035.pdf.

14 Riel Miller: L'alfabetizzazione al futuro dell'UNESCO. In: Skopia – Studi di Futuro, 9 giugno 2021, https://www.skopia-anticipation.it/blog/the-futures-literacy-of-unesco-versione-in-lingua-originale/.

15 Anticipatory Action Task Force (AATS): https://www.anticipation-hub.org/exchange/networks-and-forums/anticipatory-action-task-force-aatf. Si veda anche Officer of the High Commissioner on Human Rights / Michelle Bachelet: United Nations High-Level Humanitarian Event on Anticipatory Action: A Commitment to Act Before Crises. In: Ufficio delle Nazioni Unite per i diritti umani, 09 settembre 2021, https://www.ohchr.org/en/2021/09/united-nations-high-level-humanitarian-event-anticipatory-action-commitment-act-crises.

16 Dipartimento delle Nazioni Unite per gli Affari Economici e Sociali: Pianificazione strategica e previsione, febbraio 2021, https://unpan.un.org/sites/unpan.un.org/files/Strategy%20note%20%20strategic%20foresight%20Mar%202021_1.pdf.

17 Olivier Woeffray e Paulo Carvalho: Il futuro non è più quello di una volta: ecco come la previsione strategica può aiutare. In: World Economic Forum Better Business, 6 febbraio 2023, https://www.weforum.org/agenda/2023/02/strategic-intelligence-why-foresight-key-future-readiness/. Si veda anche World Economic Forum: Global Risk Report 2023, 11 gennaio 2023, https://www.weforum.org/reports/global-risks-report-2023/digest/.

18 Gruppo Banca Mondiale / IEG (Independent Evaluation Group): A Bridge to the Future: Learning from the Past Through Evaluation. IEG Annual Report 2021, https://ieg.worldbankgroup.org/ieg-annual-report-2021. Si veda anche International Monetary Funds (IMF): How to Implement Strategic Foresight (and Why), 20 gennaio 2022, https://www.imf.org/-/media/Files/Publications/analytical-notes/2021/English/HTNEA2021010-S001.ashx.

19 Unità di previsione strategica dell'OCSE: Foresight and Anticipatory Governance: Lessons in effective foresight institutionalisation. OCSE Parigi 2021, https://www.oecd.org/strategic-foresight/ourwork/Foresight_and_Anticipatory_Governance.pdf.

20 Si vedano i contenuti della serie di conferenze "Il mondo nel 2050" della Cattedra UNESCO presso il Centro di Studi Avanzati di Eurac Research: https://www.eurac.edu/en/institutes-centers/center-for-advanced-studies/research-group/unesco-chair/news-events/the-world-in-2050-lecture-series; e in particolare Roland Benedikter: The World in 2050: An Introduction. In: Youtube, 28 marzo 2023, https://www.youtube.com/watch?v=FRw6st6rPYQ&embeds_referring_euri=https%3A%2F%2Fwww.eurac.edu%2F&feature=emb_imp_woyt.

21 Margret Hucko: Ricercatrice VW per il futuro: "Ogni veicolo sarà un indirizzo Internet mobile". L'auto del futuro sarà in grado di leggere nel pensiero e di comunicare ai passeggeri le ultime offerte del supermercato. Fantascienza? No, il risultato di un lavoro scientifico del Gruppo VW.

In: Der Spiegel, 08/01/2018, https://www.spiegel.de/auto/aktuell/vw-zukunftsforscher-jedes-fahrzeug-wird-eine-rollende-internet-adresse-a-1179600.html.

22 Si veda in dettaglio Roland Benedikter: Sustainability and Resilience. Springer International, Cham et. al 2024 (in stampa).

23 Un esempio di eccellenza privata nella ricerca, nell'aggiornamento e nella divulgazione nell'area di sovrapposizione della società tecnologica è il programma Certificate of Advanced Studies (CAS) "Digital Transformation" presso l'Institute for Communication and Leadership Ikf di Lucerna: https://www.ikf.ch/de/kurse/cas-digitale-transformation.

24 Markku Wilenius: Patterns of the Future: Understanding the Next Wave of Global Change. World Scientific Publishers 2017. Si veda anche Markku Wilenius e Sofi Kurki: Surfing the sixth wave. Esplorare i prossimi 40 anni di cambiamento globale. Finlandia Futures Research Centre book 10/2012, Università di Turku 2012.

25 Si veda Markku Wilenius: Futures Literacy Skills for this Century. In: Eurac Research Center for Advanced Studies, UNESCO Chair Lecture Series: The World in 2050, 19 giugno 2023, https://www.youtube.com/watch?v=Mvr45V2GZ0k&t=1s.

26 Yuk Hui: Perché la cibernetica ora? In: Yuk Hui (ed.): Cybernetics for the 21st Century, Volume 1: Epistemological Reconstruction, Philosophy, Art and Technology Series, Hanart Press 2024, pp. 11-22, https://hanart.press/wp-content/uploads/2024/02/cybernetics-vol1.pdf.

27 Australian National University (ANU): Scuola di cibernetica, https://cybernetics.anu.edu.au/.

28 Yuk Hui: "Perché la cibernetica ora?", op. cit.

29 Ibidem.

30 Provincia Autonoma di Bolzano-Alto Adige: ogni giorno per il futuro, Bolzano 2021ff., https://news.provinz.bz.it/de/everyday-for-future.

31 Si veda, ad esempio, Random Face Generation: This person does not exist, n.d., https://this-person-does-not-exist.com/de.

32 Jennifer Caprarella: Studio: quasi 50 siti web di notizie sono "generati dall'intelligenza artificiale" – e come riconoscerli. In: T3N Digital Pioneers, 08/05/2023, https://t3n.de/news/studie-ki-generiert-news-1551045/.

33 Vedi homepage Georges T. Roos: https://www.kultinno.ch/.

34 Roberto Poli: "Smart Cities" o "Happy Cities"? In: Ministero Italiano dell'Istruzione e del Merito, Dipartimento per il Sistema Educativo, di Istruzione e Formazione e UNESCO Associated Schools Network: Scuola Estiva: La pratica filosofica per lo sviluppo sostenibile – Edizione VI A.S. 2022-23, tema generale: Città Future, 28-30 agosto 2023 (online), https://www.miur.gov.it/documents/20182/7414469/Programma+Scuola+estiva+28-29-30+agosto+2023.pdf/31174930-ddce-64da-132e-88de77e2ec5a?version=1.0&t=1691161622537.

35 Si veda, ad esempio, il lavoro dell'esperto altoatesino delle Nazioni Unite sui diritti della natura, Alex Putzer: United Nations Harmony with Nature Programme, http://www.harmonywithnatureun.org/profile/9!VUf6GBXMgRkyOsJ9sNLI7als9Usud5JqGagD4OSI4PJNhBSel3OUBxil5alr-vxnZhS7D2pJW4kfnPuQVMwlA==. Cfr. più in dettaglio Alex Putzer, Tineke Lambooy e altri: Putting the rights of nature on the map. Un'analisi quantitativa delle iniziative per i diritti della natura nel mondo. In: Journal of Maps 18/2022, Issue 1, https://www.tandfonline.com/doi/full/10.1080/17445647.2022.2079432; e Alex Putzer: The Rights of Nature between Theory and Activism. Conferenza pubblica del Centro Eurac di Studi Avanzati. In: Youtube, 4 luglio 2023, https://www.youtube.com/watch?v=x6q57IRojnI.

36 Si veda ad esempio: Ministero Italiano dell'Istruzione e del Merito, Dipartimento per il Sistema Educativo, di Istruzione e Formazione e UNESCO Associated Schools Network: Scuola Estiva: La pratica filosofica per lo sviluppo sostenibile – Edizione VI A.S. 2022-23. Tema generale: Città Future, 28-30 agosto 2023 (online), https://www.miur.gov.it/web/guest/-/scuola-estiva-la-pratica-filosofica-per-lo-sviluppo-sostenibile-citta-future-a-s-2022-2023 und https://www.miur.gov.it/documents/20182/7414469/Programma+Scuola+estiva+28-29-30+agosto+2023.pdf/31174930-ddce-64da-132e-88de77e2ec5a?version=1.0&t=1691161622537.

37 Università di Scienze Applicate e Arti di Lucerna HSLU: la trasformazione digitale può avere successo! 9° Forum di Lucerna sulla gestione della pubblica amministrazione, 24 novembre 2022, https://sgvw.ch/wp-content/uploads/2022/10/2022-LMF_Flyer.pdf.

38 Città di Bolzano: Bolzano nominata Città Creativa UNESCO, 31 ottobre 2023, https://opencity.gemeinde.bozen.it/Aktuelles/Pressemitteilungen/Bozen-zur-UNESCO-Creative-City-of-MUSIC-ernannt.

39 UNESCO: Futures Literacy – Una competenza essenziale per il 21st secolo, n.d., https://en.unesco.org/futuresliteracy/about.

40 Sociocracy.info: Cos'è la sociocrazia e perché la democrazia ne ha bisogno, 2022/08/06, https://www.sociocracy.info/what-is-sociocracy/. Si veda anche Harri Kaloudis: Una brevissima introduzione alla sociocrazia. In: Medium, 12 aprile 2108, https://medium.com/@Harri_Kaloudis/a-brief-introduction-to-sociocracy-a0770f220937; e Roland Benedikter e Karim Fathi: The Coronavirus Crisis and Its Teachings: Steps Towards Multi-Resilience. Con una prefazione del professor Jan Nederveen Pieterse, Università della California a Santa Barbara e un Poscritto del professor Manfred Steger, Università delle Hawaii a Manoa. Collana: Studies in Critical Sociology Series (SCSS), Volume 204, a cura del professor David Fasenfest, BRILL publishers 2021, https://brill.com/view/title/60830?language=en.

41 Ivy Wigmore: Definizione di olocrazia. In: Techtarget, maggio 2015, https://www.techtarget.com/whatis/definition/holacracy. Si veda anche: MasterClass: Holocracy: pro e contro della struttura organizzativa, 1 febbraio 2023, https://www.masterclass.com/articles/holacracy#InK2xcyDJAlfbLLmp2FCqg.

42 Aaron Lawrence: Cos'è un Hackathon? Una guida per principianti al coding collaborativo. In: Università Rasmussen, 22/02/2016, https://www.rasmussen.edu/degrees/technology/blog/what-is-a-hackathon/.

43 LerNetz AG: il potere femminile rafforza la squadra, 19 dicembre 2022, https://blog.lernetz.ch/frauenpower-verst%C3%A4rkt-das-team-5691f7dce18f.

44 Paddle: Perché la crescita della subscription economy riguarda le persone, non i prodotti, n.d., https://www.paddle.com/resources/subscription-economy.

45 Kim Bastian: L'economia dell'abbonamento: cos'è e come sta cambiando il modo di acquistare. In: Forcemanagement, n.d., https://www.forcemanagement.com/blog/the-subscription-economy-what-it-is-and-how-its-changing-the-way-people-buy.

46 Zuora: leader dell'economia degli abbonamenti, n.d., https://www.zuora.com/vision/subscription-economy/.

47 Fabrick: Come l'orchestrazione dei pagamenti può aiutare la crescita della subscription economy, 31 maggio 2023, https://www.fabrick.com/en-gb/insights/blog/subscription-economy-and-payment-orchestration/.

48 Commissione europea: Diritti e principi digitali europei, 19 giugno 2023, https://digital-strategy.ec.europa.eu/de/policies/digital-principles.

49 Si veda, ad esempio, Marco Vitale: "Così la Blockchain salverà il Made in Italy". In: TechCompany 360, 01 luglio 2020, https://www.techcompany360.it/imprenditori-tech-si-raccontano/marco-vitale-cosi-la-blockchain-puo-tutelare-il-made-in-italy/.

50 Lisa Maria Gasser: "Teoricamente 10.000 euro all'anno". Chiunque voglia usare i nostri dati deve pagarci per questo, dice Elena Pasquali. Con la sua start-up, sta indicando la strada per una nuova economia dei dati. Ma è necessaria una maggiore pressione. In: Salto.bz, 09.02.2022, https://www.salto.bz/de/article/08022022/pasquali-ecosteer-datenwirtschaft.

51 Vedi Roland Benedikter: Navigare nel futuro: come immaginare un mondo resiliente nel 2050? In: Eurac Research Lecture Series: The World in 2050. Perspectives on Justice, Equality, Democratisation, and Education, 08.02.2024, https://www.eurac.edu/en/institutes-centers/center-for-advanced-studies/research-group/unesco-chair/news-events/the-world-in-2050-lecture-series-2024.

52 Ministero federale tedesco dell'Istruzione e della Ricerca: Studio: In cammino verso un'era ibrida? La dissoluzione reciproca dei confini tra tecnologia e biologia. Berlino, aprile 2022, https://www.vorausschau.de/SharedDocs/Downloads/vorausschau/de/Foresight-Entgrenzungsstudie_Lang.pdf?__blob=publicationFile&v=2.

53 Si veda in dettaglio Roland Benedikter: Intelligenza artificiale, nuove tecnologie umane e futuro dell'umanità. In: Challenge. La rivista degli affari economici. A cura di Jeffrey Madrick e dei Premi Nobel Kenneth J. Arrow, Robert M. Solow, Joseph E. Stiglitz, Paul R. Krugman et al., Volume 66, 2023, Issue 3-4, Routledge / Taylor and Francis, New York e Londra, prima pubblicazione online: 20 giugno 2023, DOI: 10.1080/05775132.2023.2223061, link: https://doi.org/10.1080/05775132.2023.2223061, http://dx.doi.org/10.1080/05775132.2023.2223061.

54 Roland Benedikter: Intelligenza artificiale e neuroscienze. Sviluppi futuristici: Interfacce cervello-cervello. Fondazione Konrad Adenauer di Berlino, Serie: Analisi e argomentazioni: Digital Society, No. 378 / December 2019, St. Augustin and Berlin 2019, https://www.kas.de/web/auslandsinformationen/analysen-und-argumente/detail/-/content/kuenstliche-intelligenz-und-neurowissenschaften e https://www.kas.de/documents/252038/4521287/K%C3%BCnstliche+Intelligence+and+Neuroscience.pdf/63fcf974-2757-565f-dd48-8273fcced23c?version=1.0&t=1575898258780.

55 Roland Benedikter e Karim Fathi: Il futuro della mente umana: ibridazione tecno-antropologica? In: Challenge. La rivista degli affari economici. A cura di Jeffrey Madrick e dei premi Nobel Kenneth J. Arrow, Robert M. Solow, Joseph E. Stiglitz, Paul R. Krugman et.al., Volume 62, 2019, Issue 1, gennaio-marzo 2019, pp. 77-95, Taylor and Francis / Routledge, New York and London, marzo 2019. Pubblicato online per la prima volta: 25 marzo 2019, https://www.tandfonline.com/eprint/eKGb29iI5hP2CH99Frkw/full?target=10.1080/05775132.2018.1560943 (versione integrale), https://www.tandfonline.com/doi/full/10.1080/05775132.2018.1560943 e https://www.tandfonline.com/doi/full/10.1080/05775132.2018.1560943.

56 Obiettivi di sviluppo interno (IDG): https://www.innerdevelopmentgoals.org/.

57 Ibidem.

58 Future Skills Navigator: https://futureskillsnavigator.com/de/.

59 Cfr. Thomas Nowotny: Il futuro ordine politico globale sarà democratico? Riflessioni su Il futuro della democrazia di Herfried Münkler (2022). In: Il futuro. Die Diskussionszeitschrift für Politik, Gesellschaft und Kultur, 22 marzo 2023, https://diezukunft.at/wird-die-kuenftige-weltpolitische-ordnung-eine-demokratische-sein-gedanken-zu-herfried-muenklers-die-zukunft-der-demokratie-2022-von-thomas-nowotny/.

60 Consiglio dell'Unione Europea: EU Forward Look 2023, Bruxelles, gennaio 2023, pag. 14, https://www.espas.eu/files/EU-Council-Forward-Look-Jan-2023-external_final.pdf.

61 Sven Smit, Magnus Tyreman e altri: Relazione: Garantire la competitività dell'Europa: affrontare il suo divario tecnologico. In: McKinsey & Company Global Institute, 22 settembre 2022, https://www.mckinsey.com/capabilities/strategy-and-corporate-finance/our-insights/securing-europes-competitiveness-addressing-its-technology-gap.

62 Consiglio dell'Unione Europea: EU Forward Look 2023, op. cit.

63 Vedi Roland Benedikter: L'enigma tecnologico dell'Europa. In: Global Policy Journal, 26 gennaio 2021, https://www.globalpolicyjournal.com/blog/26/01/2021/europes-tech-conundrum.

64 Sven Smit, Magnus Tyreman e altri: Relazione: Garantire la competitività dell'Europa: affrontare il suo divario tecnologico, op. cit.

65 Ibidem.

66 Ibidem.

67 Ibidem.

68 Ibidem.

69 Jathan Sadowski: Quando i dati sono capitale: Datafication, accumulazione ed estrazione. In: Big Data & Society, 6(1), https://journals.sagepub.com/doi/full/10.1177/2053951718820549. Si veda Shoshana Zuboff: The Age of Surveillance Capitalism, Faber and Faber 2019.

70 CNET: Guarda l'esperto di crittografia che spiega la Blockchain al Congresso. In: Youtube, 8 dicembre 2021, https://www.youtube.com/watch?v=pSTNhBlfV_s.

71 Vasilis Kostakis, Alex Pazaitis et al: Beyond high-tech versus low-tech: A tentative framework for sustainable urban data governance. In: Big Data & Society, 10(1), https://doi.org/10.1177/20539517231180583 e https://journals.sagepub.com/doi/10.1177/20539517231180583. Si veda anche Vasilis Kostakis, Vasilis Niaros & Chris Giotitsas: Beyond global versus local: illuminating a cosmolocal framework for convivial technology development. In: Sustainability Science 2023, https://doi.org/10.1007/s11625-023-01378-1 e https://link.springer.com/article/10.1007/s11625-023-01378-1.

72 Vasilis Kostakis, Alex Pazaitis et al: Beyond high-tech versus low-tech: A tentative framework for sustainable urban data governance. In: Big Data & Society, 10(1), https://doi.org/10.1177/20539517231180583 e https://journals.sagepub.com/doi/10.1177/20539517231180583.

73 Ibidem.

74 Ibidem.

75 Ibidem.

76 Ibidem.

77 Ministero federale tedesco dell'Istruzione e della Ricerca (BMBF): Nuovo modello di "economia di scopo"? Saggio. Berlino, novembre 2022, https://www.vorausschau.de/SharedDocs/Downloads/vorausschau/de/Foresight_PurposeEconomy_Kurzfassung.pdf?__blob=publicationFile&v=2.

78 Ibidem.

79 Paolo Vargiu: Narratives of Globalisation and the Pitfalls of Neutrality: A Brief Critique of Six Faces of Globalisation. In: Journal of International Economic Law, 22 maggio 2023, https://academic.oup.com/jiel/advance-article-abstract/doi/10.1093/jiel/jgad018/7175911?redirectedFrom=fulltext.

80 Paddle: Perché la crescita della subscription economy riguarda le persone, non i prodotti, n.d., https://www.paddle.com/resources/subscription-economy.

81 Si veda Manfred Steger, Roland Benedikter, Harald Pechlaner e Ingrid Kofler (a cura di): Globalisation – Past, Present, Future, University of California Press 2023 (dicembre), https://www.ucpress.edu/book/9780520395756/globalization.

82 Ibidem.

83 Ibidem.

84 Zuora: leader dell'economia degli abbonamenti, n.d., https://www.zuora.com/vision/subscription-economy/.

85 Ibidem. Si veda anche Kim Bastian: The Subscription Economy: What It Is and How It's Changing The Way People Buy. In: Forcemanagement, n.d., https://www.forcemanagement.com/blog/the-subscription-economy-what-it-is-and-how-its-changing-the-way-people-buy.

86 Vedi Roland Benedikter: Il rinnovamento del centro politico. La disgregazione della società, il formato del partito popolare e il futuro della democrazia. Libro ad accesso libero (gratuito), Nomos Verlag, Baden-Baden 2022, https://www.nomos-shop.de/nomos/titel/die-erneuerung-der-politischen-mitte-id-110405/, https://www.nomos-elibrary.de/10.5771/9783748936084/die-erneuerung-der-politischen-mitte?page=1 e https://www.nomos-elibrary.de/10.5771/9783748936084.pdf (versione integrale).

87 Ministero federale tedesco dell'Istruzione e della Ricerca (BMBF): Studio: Il futuro della fiducia nei mondi digitali. Berlino, agosto 2022, https://www.vorausschau.de/SharedDocs/Downloads/vorausschau/de/Foresight_Vertraueensstudie_Langfassung.pdf?__blob=publicationFile&v=1.

88 Dewey Murdick: Costruire la fiducia nell'IA: una nuova era di collaborazione uomo-macchina. In: Georgetown University, Center for Security and Emerging Technology (CSET), 19 luglio 2023, https://cset.georgetown.edu/article/building-trust-in-ai-a-new-era-of-human-machine-teaming/.

89 Ibidem.

90 Ibidem.

91 Ibidem.

92 Tamara Savelyeva, José Baltazar Salgueirinho Osório de Andrade Guerra e Gabrielli do Livramento Gonçalves: Nuova ecologia della conoscenza e politica del cambiamento tecnologico. In: Michael A. Peters e Richard Heraud (eds.): Encyclopedia of Educational Innovation, Springer 2022, pp. 1-7, https://link.springer.com/referenceworkentry/10.1007%2F978-981-13-2262-4_259-1.

93 Ibidem.

94 Alex Connock e Andrew Stephen: Abbiamo invitato un'intelligenza artificiale a discutere della propria etica nella Oxford Union: le sue risposte sono state sorprendenti. In: The Conversation, 10 dicembre 2021, https://theconversation.com/we-invited-an-ai-to-debate-its-own-ethics-in-the-oxford-union-what-it-said-was-startling-173607.

95 L'innovazione che conta: scienziati giapponesi hanno creato un'intelligenza artificiale in grado di visualizzare il nostro pensiero. In: Youtube, 10 gennaio 2022, https://www.youtube.com/watch?v=zmxmTcHi5U4.

96 Moritz Piehler: Cosa rivela l'occhio sull'aspettativa di vita umana. In: Yahoo.de, 21 gennaio 2022, https://de.nachrichten.yahoo.com/verrat-das-auge-wann-ein-mensch-sterben-wird-101601170.html.

97 Nick Bostrom: Che cos'è il transumanesimo? In: Nick Bostrom Homepage, 2001, https://nickbostrom.com/old/transhumanism. Cfr. lui stesso: Valori transumanisti. In: Nick Bostrom Homepage, 2003, https://nickbostrom.com/ethics/values; e Roland Benedikter e Katja Siepmann: "Transhumanism": A New Global Political Trend? In: Challenge. La rivista degli affari economici. A cura di Jeffrey Madrick e dei premi Nobel Kenneth J. Arrow, Robert M. Solow, Joseph E. Stiglitz, Paul R. Krugman et.al., Volume 59, Issue 1, 2016, gennaio-febbraio 2016, pp. 47-59, Taylor and Francis / Routledge, New York and London 2016, http://www.tandfonline.com/doi/full/10.1080/05775132.2015.1123574 (pubblicazione online: 28 gennaio 2016).

CAPITOLO 3

Smart City – Smart Home – Smart Mobility

Wolfgang Müller-Pietralla

Ex Direttore del Circolo per il Futuro del Ministero Federale Tedesco dell'Istruzione e della Ricerca (BMBF) per il Governo Federale Tedesco 2019-2023

Dove sta andando la nostra società? O più precisamente: verso dove si sta "muovendo"?

I sistemi di mobilità del 21° secolo richiedono una progettazione olistica della mobilità attraverso veicoli intelligenti, strategie urbane *Smart City* e nuove visioni di mobilità multimodale.

Il paesaggio della mobilità del XX secolo, la cui infrastruttura ereditata definisce gran parte della vita quotidiana di oggi, è stato progettato e concepito in condizioni completamente diverse e costruito al servizio di obiettivi diversi rispetto alla situazione attuale. Nel 21° secolo il modo in cui le persone, i materiali e i prodotti si muovono viene ridisegnato per tenere conto delle nuove possibilità tecnologiche, dei valori sociali, delle necessità economiche e delle condizioni politiche. Qual è il futuro della mobilità nell'ambiente urbano? I servizi di mobilità e trasporto condivisi (MaaS + TaaS) saranno in grado di sostituire la proprietà dell'auto su larga scala? Come connetteremo i servizi, i veicoli autonomi, le case e gli appartamenti intelligenti e la micromobilità con tecnologie di assistenza personalizzate, e come le integreremo in piattaforme altamente efficienti e intelligenti?

L'auto elettrica, autonoma e connessa, la casa intelligente, i quadricotteri e i droni per le consegne e gli hub di mobilità stanno già presentando forme convergenti di mobilità che sono orientate verso concetti di sviluppo urbano olistico. Agilità, adattabilità e sostenibilità sono imprescindibili nelle metropoli del futuro. I sistemi autonomi di *Smart City* che utilizzano l'Internet of Things (IoT) e le connessioni wireless sicure possono reagire alle circostanze in tempo reale: dalla disponibilità di posti auto al meteo. Ci aiuteranno quindi a vivere in centri urbani più efficienti, riducendo la congestione e l'inquinamento.

Cosa accadrebbe se queste innovazioni si diffondessero rapidamente e diventassero parte integrante delle nostre società sempre più mobili? Che aspetto ha un sistema di mobilità urbana veramente intelligente e integrato, e quali opportunità offre questa prospettiva?

Il fatto è che i nuovi servizi e infrastrutture di mobilità avranno un impatto enorme sulle nostre vite e stili di vita, sulle comunità urbane e rurali, e sulle catene di approvvigionamento globale. Le questioni determinanti per il futuro della mobilità nel 21° secolo possono essere assegnate alle cosiddette categorie STEEP: società, tecnologia, ambiente, economia e politica. Assumiamo uno scenario al 2030. Come ha analizzato il National Intelligence Council degli Stati Uniti nel 2021:

> "Negli anni e nei decenni a venire, il mondo dovrà affrontare sfide globali ancora più intense e diversificate, poiché stanno arrivando tempi di grandi cambiamenti. Queste sfide vanno dalle nuove malattie al cambiamento climatico, dagli sconvolgimenti causati dalle nuove tecnologie alle crisi finanziarie."

I driver STEEP in questo scenario – e nonostante esso – accelerano la trasformazione verso una forma di mobilità sempre più intelligente. I fattori esemplari giocano un ruolo importante nella trasformazione della mobilità in tutte le singole aree. Tra questi ci sono:

Società: demografia e sviluppo umano, valori, mentalità entropica, accettazione dell'automazione, lavoro a distanza, conseguenze sociali dell'Intelligenza Artificiale, tecnologia responsabile, …

Tecnologia: Nesso "Tutto autonomo", la neuroscienza diventa business, tecnologie solari avanzate, tecnologia IA Computing Hyper-Progress, trasformazione digitale della tecnologia della scienza dei materiali, sviluppo della tecnologia Lidar Next-Gen, distribuzione della rete mobile Next-Generation, tecnologie quantistiche, Biosensing personale, tecnologia di funzionamento remoto dei veicoli stradali, …

Ambiente ed ecologia: riscaldamento globale, Impact gravity, scale espandibili, politiche e incentivi ambientali, ricarica sviluppo delle infrastrutture, automazione biologia sintetica, economia dell'idrogeno, alternative di mobilità urbana, …

Economia: "ecolonomia", estensione della globalizzazione, sistemi di innovazione e modelli di distribuzione dirompenti /disruptive, automazione dei veicoli su strada, sviluppi tecnologici rivoluzionari, interruzioni della catena di approvvigionamento, "economia dignitosa", ...

Politica: super responsabilità, piani di recupero verde, investimenti del governo in Intelligenza Artificiale, Governance Artificiale, diffusione della disinformazione, nuovo potere politico del movimento delle città, carenza di talenti, telepresenza domestica, trasmigrazione urbano-suburbana, resilienza digitale, ...

Queste forze interagiscono tra loro in modi complessi. Portano a nuove soluzioni dove diversi scenari di mobilità diventano possibili. La loro realizzazione dipende dalle nostre decisioni future e ora più che mai, si tratta di trasferire la conoscenza in concetti per un mondo migliore. Ci sono molti esempi come: l'urbanistica cibernetica o le flotte di veicoli autonomi.

Una mobilità efficiente è una sfida centrale per le città del futuro. Le case automobilistiche tradizionali si stanno reinventando creando servizi di *Ride-Sharing* autonomi. I servizi Robotaxi potrebbero essere integrati con la logistica autonoma, il transito di massa automatizzato, la micromobilità e i sistemi di trasporto convenzionali. Insieme possono diventare parte di un sistema di trasporto intelligente che funziona su un'intera area geografica.

Un altro esempio è la logistica automatizzata. I camion autonomi a lungo raggio potrebbero aiutare a consentire catene logistiche completamente automatizzate che riducono drasticamente i costi di consegna delle merci, a condizione che gli sviluppatori possano superare i limiti attuali dell'IA. Le tecnologie robotiche emergenti stanno già rendendo plausibile per i proprietari di edifici offrire sistemi di consegna integrati che possono ricevere i pacchetti da veicoli per la consegna (possibilmente autonomi), per poi depositarli automaticamente negli armadietti ai singoli piani o anche direttamente agli uffici o appartamenti.

Per far sì che tali servizi si affermino, le amministrazioni cittadine, provinciali e regionali dovranno in futuro lavorare più strettamente con le aziende tecnologiche. Questo vale, per esempio, nel settore delle case intelligenti e resilienti. Gli eventi meteorologici estremi stanno diventando più frequenti a causa del riscaldamento globale, il che aumenta la necessità di case autosufficienti. Via via che queste case diventano più diffuse, la domanda di tecnologie correlate, come le batterie solari per uso domestico e i caricatori per veicoli elettrici, potrebbe farle diventare molto più economiche e popolari. Le "case resilienti" hanno caratteristiche che rendono la casa più sostenibile e in grado di sopportare meglio gli effetti di eventi meteorologici estremi. Integrati nell'Internet of Things e nelle nuove forme di mobilità, aprono nuove possibilità per il connubio *Smart City – Smart Home – Smart Mobility.*

CAPITOLO 4

Intelligenza Artificiale I

Giuseppe Stefano Quintarelli

Nettuno Università Telematica Internazionale,
Parlamento della Repubblica Italiana e UN/CEFACT

Nel momento in cui si digitalizza un procedimento, la sua natura cambia, perché le macchine riescono a operare a una velocità (e conseguentemente a una scala) enormemente maggiore di quella umana. Ora, l'informatica sta entrando in un'era in cui con l'Intelligenza Artificiale (IA) si possono realizzare nuove tipologie di applicazioni, in grado di automatizzare attività di percezione, classificazione e predizione che fino a poco tempo fa erano caratteristiche esclusivamente umane. Ogni azione ha degli effetti, alcuni considerati positivi, altri negativi. Ma le nostre istituzioni sono pronte per affrontare questa sfida?

Difficilmente, essendo state disegnate in un mondo analogico e quindi intrinsecamente più lento e con dimensioni di scala inferiori. Cosa promuovere e cosa regolamentare per massimizzare il vantaggio per la società minimizzando al contempo le conseguenze negative? Questa è la questione squisitamente politica.

L'Intelligenza Artificiale non è deterministica, come potrebbe essere, ad esempio, un autovelox: se si supera il limite di velocità con la propria auto, l'autovelox lo rileva e si riceve una multa. Si può ricorrere contro la sanzione, ma il guidatore è colpevole fino a prova contraria, perché un sistema deterministico perfettamente funzionante (correttamente configurato, certificato e verificato) "decide" che è colpevole. Ma un sistema di Intelligenza Artificiale perfettamente funzionante è un motore statistico, e necessariamente produce risultati probabilistici; la sua decisione potrebbe quindi essere giusta nel 98 per cento dei casi e sbagliata nel restante 2 per cento (e sarebbe inopportuno classificare le decisioni sbagliate come "errori"), il che significa che il 2 per cento delle volte una persona viene riconosciuta colpevole anche se non lo è. Per quella persona, la decisione sbagliata può avere ricadute ben oltre la portata della decisione stessa: opportunità perdute, biasimo sociale, feedback negativi online e altri effetti, che possono facilmente diffondersi nel Web e diventare impossibili da rimuovere.

In certi casi la procedura di ricorso può addirittura mancare o, se esiste, può essere inefficace o avere un costo eccessivo, non accessibile a chiunque, o ancora può richiedere un tempo eccessivo e non essere in grado di rettificare le ricadute causate dall'errore.

Il mio intervento presenta una panoramica del funzionamento dell'IA da un punto di vista tecnico, per esaminarne potenzialità e limiti intrinseci; successivamente si espongono alcune conseguenze con potenziali effetti giuridici determinati dalla digitalizzazione di attività precedentemente effettuate da persone e dalla natura statistica della tecnologia. L'intervento si conclude presentando alcune opzioni di policy ad alto livello per massimizzare gli effetti positivi dell'adozione dell'IA e minimizzare quelli negativi.

CAPITOLO 5

Intelligenza Artificiale II

Federico Giudiceandrea

Microtec, Accademia per l'Intelligenza Artificiale di Bressanone e
Economia Alto Adige EA – Südtiroler Wirtschaftsring SWR

Le applicazioni e prospettive dell'Intelligenza Artificiale presso le aziende del cluster Image Processing di Bressanone sono un esempio di tecnologie d'avanguardia applicate in un contesto specifico.

Le attività industriali innovative a Bressanone risalgono al periodo tra le due guerre con la nascita nel 1929 della Durst Phototechnik. Negli anni 1980 la crisi della fotografia analogica spinse l'azienda ad intraprendere lo sviluppo della fototecnica digitale, oltre a favorire la nascita di alcune startup come Barbieri, Microtec e Viptronic. A queste si sono in seguito aggiunte aziende "gemmate" dalle prime come TTControl, Microgate e MPD.

Queste aziende forti della loro tradizione ed esperienza nel campo dell'optoelettronica si sono affermate sui mercati internazionali e rappresentano un vero cluster industriale nel settore dell'elaborazione digitale delle immagini. Alcune si sono poi specializzate nella Computer Vision, l'applicazione dell'AI al riconoscimento delle immagini, implementando sin dalla loro comparsa le tecniche di "machine learning". Lo sviluppo dell'AI applicato alla Computer Vision trova ormai molteplici applicazioni in tutti i settori: dai prodotti di consumo, all'industria fino alle applicazioni automotive e richiede una continua attività di Ricerca e Sviluppo (Research and Development, R&D). Le aziende del cluster hanno sentito la necessità di unire le forze, mettendo in comune il loro sapere e le loro reti, fondando CoVisionLab, un centro di ricerca sull'Artificial Vision basato sul concetto di Open Innovation. Infatti, CoVisionLab oltre a sviluppare applicazioni basate sul'AI per le aziende socie mette a disposizione il proprio know how anche ad altre aziende del territorio. Grazie alle eccellenze presenti nel cluster e ad un comitato scientifico d'eccellenza CoVisionLab ha attratto giovani talenti da fuori regione ed ha già dimostrato di poter competere ad alto livello con istituzioni simili.

Il successo di CoVisionLab ha convinto la TTTech, azienda austriaca attiva nel settore della guida autonoma e socia di TTControl, ad investire in un centro per lo sviluppo della guida autonoma per veicoli speciali. Il centro sorgerà in un campus di 12.000 m^2 nella zona industriale di Bressanone. All'interno del campus è poi prevista la realizzazione di una Accademy AI / Accademia per la Intelligenza Artificiale Bressanone che svilupperà, supportata dalla facoltà di scienze della formazione di UNIBZ, contenuti e percorsi esperienziali da offrire agli studenti delle scuole primarie e secondarie. Nel campus verranno quindi sviluppate applicazioni dell'AI legate al nostro territorio e si invoglieranno e formeranno nuovi talenti, alimentando e favorendo un ecosistema tecnologico che ha le sue radici nella tradizione industriale della conca di Bressanone.

CAPITOLO 6

Blockchain

Marco Vitale

Quadrans Foundation CH/I, Foodchain.it e Iniziativa Blockchain Strategy
del Ministero Italiano per lo Sviluppo Economico

Negli ultimi anni, le sfide globali che la società sta affrontando hanno stimolato una nuova ricerca di soluzioni innovative. L'innovazione tecnologica sta giocando un ruolo chiave, dato che la crescente adozione tecnologica sta plasmando il modo in cui lavoriamo, viviamo e interagiamo tra di noi. Le tecnologie emergenti sono diventate il principale motore di una nuova rivoluzione digitale. In particolare, la tecnologia Blockchain è tra le innovazioni che permettono il "cambio di paradigma" da sistemi centralizzati a decentralizzati.

Come esperti, comprendiamo che le infrastrutture digitali decentralizzate stanno avendo un grande impatto sulla società. La missione della Fondazione Quadrans è proprio quella di sostenere questo delicato processo di transizione. Quadrans Foundation è stata fondata nel 2018 per sostenere la rivoluzione digitale fornendo un'infrastruttura decentralizzata globale al servizio di aziende, organizzazioni e individui. Quadrans Blockchain è il risultato degli sforzi di ricerca, sviluppo e diffusione che sono stati fatti per servire le comunità di utenti in tutto il mondo fornendo una tecnologia open-source che affronta le sfide attuali e future di sicurezza, scalabilità e governance.

Oggi, la tecnologia Blockchain è già utilizzata in applicazioni per la trasparenza e la tracciabilità delle catene di approvvigionamento, le identità delle auto sovrane (SSI), la verifica delle credenziali (VC), la tokenizzazione dei beni, i registri finanziari, la gestione dell'energia, i certificati medici, l'istruzione, gli appalti di servizi pubblici, l'integrazione dei dispositivi dell'Internet of Things (IoT) e molti altri.

Noi della Fondazione Quadrans siamo consapevoli che i governi di tutto il mondo hanno il bisogno di consenso, e nell'era digitale questo significa trasmettere la fiducia nei dati attraverso una struttura digitale adeguata. Con i sistemi basati su Blockchain non c'è bisogno di fidarsi degli intermediari perché c'è la certezza fornita dai meccanismi crittografici. L'elemento di fiducia è fornito dalla tecnologia stessa, occupandosi della visibilità delle transazioni, che sono trasparenti per tutti gli utenti.

Nel frattempo, i politici sono chiamati a lavorare con gli esperti di tecnologia sugli aspetti burocratici, riconoscendo le caratteristiche digitali per la creazione di politiche globali e quadri giuridici locali standardizzati per regolare le responsabilità e i doveri delle organizzazioni decentralizzate su un territorio preciso.

Qual'e' la sostanza di tutto questo? Quando la burocrazia complessa si traduce in codice, l'automazione dei processi può essere applicata con fiducia attraverso abilitatori digitali come gli smart contracts, facendo leva su approcci collaborativi per creare valore, aumentare la produttività in molte professioni e facilitare il ruolo dei governi nell'intermediare il rapporto con individui e organizzazioni. La Fondazione Quadrans ha immaginato un futuro di nazioni alimentate digitalmente e sostiene pienamente la crescita di istituzioni, imprese e governi attraverso l'innovazione e lo sviluppo sostenibile della nuova tecnologia *Blockchain*.

CAPITOLO 7

Data Ownership / Data Trading / Privacy

Elena Pasquali

Ecosteer Bolzano/NOI Techpark

Data Economy o *Data Privacy*? Il conflitto sarà irrisolvibile sino a quando il controllo sull'accesso ai dati dei consumatori rimarrà centralizzato nelle mani di poche grandi aziende tecnologiche. Per riconciliare *Data Economy* e *Data Privacy* dobbiamo decentralizzare questo controllo, rimettendolo nelle mani dei cittadini. Solo così sarà possibile costruire una nuova *Data Economy* – distribuita, decentralizzata e basata sui principi etici stabiliti dalla normativa Europea sulla *Privacy*.

Con la sua *Data Ownership Platform*, la start-up EcoSteer ha il potenziale per sconvolgere l'attuale mercato centralizzato e monopolistico dei dati, ponendo le basi tecniche per una nuova economia dei dati, decentralizzata e distribuita. Con sede a Bolzano presso il NOI Techpark, EcoSteer è una start-up di software in ambito Internet of Things (IoT) e *Blockchain* per la proprietà *(Ownership)* e la monetizzazione dei dati. La sua *Data Ownership Platform*, brevettata a livello internazionale (US 10,771,243, CAN 3,100,810, KOR 2,312,857), permette di decentralizzare il controllo sull' accesso ai dati generati da dispositivi connessi (IoT) e di implementare un meccanismo di compensazione per la loro condivisione basato su *Blockchain tokens*. La *Data Ownership Platform* di EcoSteer (DOP) aggiunge alle attuali piattaforme di distribuzione dei dati un ulteriore livello software che decentralizza il controllo della condivisione dei dati rimettendolo nelle mani dei consumatori, implementando così il principio di proprietà dei dati personali stabilito dalla GDPR. Decentrandalizzando il controllo dell'accesso ai dati e restituendolo ai legittimi proprietari, la DOP supporta 'marketplaces' di flussi di dati decentralizzati e conformi alla GDPR (*General Data Protection Regulation*/EU 2016/679), consentendo ad aziende edistituzioni di invitare partner selezionati ad accedere ai dati di consumatori e cittadini nel rispetto delle leggi UE sulla privacy, generando nuove entrate e coinvolgendo i i consumatori nella catena del valore dei dati.

In essenza, EcoSteer DOP decentralizza il controllo dell'accesso ai dati attraverso il suo schema brevettato di crittografia multicast end-to-end e contratti intelligenti *Blockchain*. I dati vengono crittografati nel punto in cui vengono generati: un dispositivo IoT o un sistema informativo. Poi passano attraverso una o più piattaforme di distribuzione dei dati – 'Data Brokers' – ancora crittografati, e possono essere decrittografati nel punto di utilizzo – l'applicazione dell'utilizzatore dei dati – solo previo consenso esplicito del proprietario dei dati – il consumatore. Decentralizzando completamente il controllo sull'accesso ai dati generati dai propri dispositivi, lo *Smart Contract* Blockchain permette al proprietario dei dati – il consumatore – di concedere l'accesso ai dati a utenti selezionati, e di revocarlo unilateralmente in qualsiasi momento. Inoltre, lo Smart Contract stabilisce il valore dei dati in Token e le condizioni per il loro utilizzo.

EcoSteer ha sviluppato completamente la tecnologia *Data Ownership Platform* (DOP) in-house, ha acquisito i primi clienti – Alperia, BPER, A2A, Egea – e ha stabilito partnership commerciali con integratori di sistema (ad esempio NTT Data, Intellera).

L'idea di base è semplice e chiara – ridare potere ai legittimi proprietari dei dati – e presenta anche punti di discussione per la Commissione UE. Infatti, si tratta di riconciliare la privacy dei dati con la nuova economia digitale, implementando Il principio di proprietà privata dei dati.

Il concetto di privacy dei dati risale all'era pre-internet, quando i dati personali erano un insieme di informazioni statiche: nome, indirizzo, targa dell'auto, ID ecc. Questi dati sarebbero stati usati per una serie limitata di servizi, da un numero limitato di parti: datori di lavoro, banche, servizi pubblici, medici. L'obiettivo dei regolamenti era quello di proteggere questi dati dall'accesso di terzi non autorizzati – soprattutto assicurando che i depositi di dati statici non fossero vulnerabili ad attacchi esterni.

I dispositivi connessi a Internet – smartphones, telematica per auto, contatori di energia intelligenti, wearables – stanno trasformando ognuno di noi in una fonte di flussi di dati *dinamici e continui* che descrivono puntualmente il nostro stato e comportamento. La disponibilità di questa quantità di informazioni senza precedenti può consentire ad aziende ed istituzioni di fornirci servizi innovativi – ad esempio il monitoraggio dei rischi per la salute e la sicurezza, la fornitura di servizi basati sull'uso, la guida autonoma ecc. Ovviamente dobbiamo essere in grado di decidere quali di queste aziende e istituzioni possono avere accesso ai flussi di dati generati dai nostri dispositivi, e dovremmo essere in grado di cambiare idea in qualsiasi momento, concedendo l'accesso ad alcune e revocandolo ad altre.

Come conseguenza dell'adozione diffusa di dispositivi connessi che generano flussi continui di dati, la nostra attenzione dovrebbe spostarsi dalla protezione dei dati al loro *punto di raccolta* – cioè, un database contenente dati statici – alla protezione dei dati al loro *punto di generazione*, cioè il dispositivo che genera il flusso di dati. Questo implica un passaggio dal concetto di *Privacy dei dati* – la protezione di dati statici dall'accesso di Parti non autorizzate – al concetto di Proprietà dei dati, ovvero la possibilità per l'individuo di concedere e revocare unilateralmente l'accesso ai propri flussi di dati a parti legittime. Crediamo che questo concetto dovrebbe essere al centro della nuova normativa sulla Portabilità Dinamica dei Dati, come descritto dalla Strategia Europea sui Dati (COM/2020 66 finale, pagine 10 e 11):

> "Le nuove tecnologie digitali decentralizzate come la Blockchain offrono un'ulteriore possibilità sia agli individui che alle aziende di gestire i flussi e l'utilizzo dei dati, sulla base della libera scelta e dell'autodeterminazione individuale. Tali tecnologie renderanno possibile la portabilità dinamica dei dati in tempo reale per gli individui e le aziende, insieme a vari modelli di compensazione."

Promuovere lo sviluppo di un sistema operativo mobile Europeo open source diventa quindi prioritario. Come discusso, la proprietà dei dati deve essere fornita al punto di generazione dei flussi di dati, cioè il dispositivo connesso. La decentralizzazione è essenziale per raggiungere questo obiettivo. Ciò significa che l'unico ruolo di uno hub di dati centralizzato che riceve i dati dai dispositivi connessi dovrebbe essere quello di un broker "cieco" – cioè, uno strumento che ha la sola responsabilità di distribuire i dati criptati, senza avere visibilità su di essi, né la possibilità di raccoglierli. Questi "broker ciechi" sono infatti gli "intermediari neutri dei dati" descritti nel Data Governance Act della Commissione Europea (Reg. COM/2020 767 finale, cons. 22):

> "Gli intermediari di dati dovrebbero coprire solo i fornitori di servizi di condivisione dei dati:

- che sono indipendenti sia dai titolari dei dati che dagli utenti dei dati;
- che hanno come obiettivo principale l'instaurazione di una relazione commerciale, giuridica e potenzialmente anche tecnica tra i titolari dei dati, comprese le persone interessate, da un lato, e i potenziali utenti dall'altro, e assistono entrambe le parti in una transazione di attività di dati tra i due;
- mirando all'intermediazione tra un numero indefinito di titolari e utenti di dati, escludendo i servizi di condivisione dei dati che sono destinati ad essere utilizzati da un gruppo chiuso di titolari e utenti di dati."

Chiaramente questo non è il caso degli attuali sistemi operativi mobili, che permettono alle grandi aziende loro proprietarie di avere piena visibilità su tutti i dati generati dai sensori dei nostri smartphone. Crediamo che l'UE abbia il dovere di promuovere lo sviluppo di un'alternativa decentralizzata, open source ed equa agli attuali sistemi operativi mobili, basata su valori e regolamenti Europei.

Pensiamo sia inoltre necessario creare ed implementare nuove politiche sulla monetizzazione dei dati. Attualmente la monetizzazione dei dati generati da dispositivi connessi è il monopolio di pochi giganti tecnologici statunitensi e cinesi. Per dare alle aziende dell'UE la possibilità di competere equamente in questo mercato, l'UE dovrebbe aggiornare le sue politiche, decentralizzando i diritti di monetizzazione dei dati e permettendo agli individui di scambiare i propri dati con servizi o cashback, se lo preferiscono.

Le aziende Europee avrebbero così la possibilità di creare i propri Data Exchange Hubs, dove i propri clienti potrebbero condividere liberamente i flussi di dati generati dai dispositivi connessi con molteplici partner commerciali dell'azienda in cambio di servizi – o denaro. Le grandi aziende genererebbero ricavi dalla gestione di questi Data Exchange Hub, moltiplicando così il valore dei loro investimenti IoT – ad esempio nei contatori intelligenti o nella telematica per auto – mentre le Piccole e Medie Imprese (PMI) avrebbero un accesso senza precedenti a flussi di dati in tempo reale di grande valore. Tali Data Exchange Hubs sarebbero i "Data Pools" nativamente interoperabili descritti dalla Commissione Europea nel documento "A European Strategy for Data" (19.2.2020, COM (2020) 66 final). Inoltre, l'implementazione di meccanismi di compensazione per la condivisione dei dati incentiverebbe l "altruismo dei dati" descritto nel Data Governance Act della CE.

CAPITOLO 8

Nuove Tecnologie e il futuro dell'invecchiamento

Nicola Palmarini

Director, UK's National Innovation Centre for Aeging NICA,
UK Government and Newcastle University

Perché il tema della longevità è così importante ed è una delle frontiere tecnologiche più sfidanti per il futuro del genere umano?

Una volta che abbiamo raccolto tutti i dati, li abbiamo organizzati, ne abbiamo individuato le cause e gli effetti e abbiamo convinto le parti interessate e noi stessi che esiste un modo migliore di procedere, non ci rimane da fare altro che premere il pulsante e mettere in moto il processo. Purtroppo, non esiste nessun pulsante. Per agire su un sistema non esistono interventi immediati, ma occorre adottare un approccio progressivo. Il lavoro sulla longevità è molto di più di una "semplice" ricerca sulla biologia dell'uomo e della donna. È un lavoro sull'interpretazione profonda delle relazioni tra sistemi della natura su questo pianeta. Per questo è, forse, la "ricerca delle ricerche".

Quali sono i principali filoni di ricerca che stiamo portando avanti al UK National Innovation Centre for Ageing (NICA)?

Al NICA prendiamo molto sul serio la parola "innovazione". Ricercare le leve dell'"innovazione" nel settore della longevità e dell'invecchiamento è la nostra missione e attività quotidiana, fatta coinvolgendo costantemente le persone in un dialogo idealmente infinito sui temi della vita, identificando in anticipo le tendenze che possono portare a cambiamenti radicali nelle nostre abitudini e costumi, comprendendo le loro dinamiche e traiettorie per fornire ai nostri clienti e alle organizzazioni che lavorano con noi gli strumenti per intercettare sia il significato, sia l'opportunità. Di sicuro nel nostro lavoro c'è un macro-filone che unisce tutte le nostre attività nel cercare di democratizzare molta della ricerca che avviene nei laboratori di tutto il mondo, che fa progressi decisivi, ma che sempre più spesso rimane confinata in conferenze, in dibattiti tra esperti, in circoli chiusi. A questo scopo sulla longevità abbiamo appena lanciato alla conferenza globale dei Longevity Leaders di maggio a Londra una nuova iniziativa chiamata Longevity as a Service™ dove è "service" la parola chiave. Parafrasando le modalità di distribuzione decentralizzate del software stiamo costruendo un processo di ricerca e selezione di servizi più o meno articolati e verticali a supporto della longevità – dall'analisi e misurazione dei bio-marcatori a supplementi nutrizionali specifici a programmi di benessere. Servizi che hanno tutti la medesima peculiarità: sono abilitati digitalmente a interfacciarsi online e senza intermediazione direttamente con i consumatori. Sono tutti basati su dati ed evidenza scientifica e mirano a fornire un beneficio specifico per l'individuo in quanto tale, rispettandone la diversità e l'unicità.

Il nostro lavoro, oltre a quello della selezione è quello di stimolare e guidare la loro aggregazione in bundle creando un ideale portfolio dinamico di servizi a disposizione del mercato, tutti coordinati l'uno all'altro. Agendo come orchestratori di questo processo abbiamo l'ambizione di democratizzare l'accesso a quella che, al momento, è un'offerta solo per un pubblico decisamente ben informato ed educato, consapevole e con un piuttosto ben definito status socioeconomico.

Il tema della longevità è articolato e complesso: se chiedeste a un qualsiasi laboratorio o al capo della ricerca che lo guida dell'importanza del suo lavoro, molto probabilmente vi risponderebbe che il lavoro del suo gruppo è il "perno della longevità". Il salto cruciale è capire e credere nella dimensione olistica del concetto di longevità, nel fatto che sia una combinazione di fattori, che abbia poco a che fare con la vecchiaia, quanto molto con la vita nella sua interezza e che riguarda tutte le fasi della vita e le sue dimensioni quotidiane, compreso il lavoro. In questo senso mi preme sottolineare altri due programmi che abbiamo in corso. Il primo si chiama *City of Longevity* e rappresenta una serie di toolkit per permettere alle città – con un particolare focus sulle città intermedie così come le definisce la World Bank – di sviluppare politiche di promozione di stili di vita più salutari attraverso le infrastrutture esistenti come ristoranti, musei, negozi. Il secondo si chiama *Internet of Caring Things* ed intende esplorare una nuova dimensione di oggetti e di sistemi cognitivi per aiutare le persone anziane e i loro stakeholder a curare le cose che hanno un significato profondo per il loro benessere. Riteniamo che sia un modello moloto più coerente e contemporaneo per capire – attraverso i dati – cosa impatta al nostro benessere e come i fattori indiretti di benessere come i nostri animali da compagnia, la cura di un giardino o il prendersi cura dell'ambiente "curino" appunto la nostra salute.

E quindi ci occupiamo di esplorare quelle dimensioni olistiche che dicevo prima attraverso 8 settori di industria – dai trasporti agli stili di vita – come questi sono rapportati gli uni agli altri e come si possono portare velocemente e in modo diffuso sul mercato sviluppando una narrativa che oggi, oggettivamente, è solo agli albori. Ecco, il lavoro sulla narrativa non come didascalia di marketing, ma come applicazione concreta di soluzioni coinvolgendo le persone direttamente all'inizio del processo e non alla fine come terminali di qualcosa inventato da qualcuno. Abbiamo definito una metodologia chiamata *Ageing Intelligence*® e l'abbiamo registrata come marchio perché crediamo che oggi manchi un approccio che cerchi sia di sfruttare che sviluppare una intelligenza condivisa capace di combinare quella delle persone, quella della ricerca e quella dei dati per trasformare quello che tutti sappiamo già o di cui dobbiamo ancora capire gli impatti sul corso della nostra vita in una dimensione coordinata e correlata.

Fra tutti, a livello globale, forse quello di capire perché invecchiamo e quali sono i meccanismi che ci permettono di riuscire a vivere più a lungo, ma in salute, è il più importante. In questo l'Intelligenza Artificiale (AI) può aiutare, in che modo?

Una delle teorie più interessanti correlata al nostro processo di invecchiamento è quella dell'esposoma di Wild. Per semplificare possiamo dire che l'esposoma è l'equivalente ambientale del genoma umano. Rappresenta le complesse esposizioni a cui siamo sottoposti nel corso della nostra vita, compresa la nostra dieta, i fattori dello stile di vita e le influenze sociali. Incorpora anche il modo in cui il nostro corpo risponde a queste sfide. L'esposoma consiste di tre domini sovrapposti: 1) un ambiente esterno generale (che include l'ambiente urbano, l'educazione, i fattori climatici, il capitale sociale, lo stress); 2) un ambiente esterno specifico con contaminanti specifici (come radiazioni, infezioni, fattori legati allo stile di vita) e 3) un ambiente interno per includere fattori biologici (come fattori metabolici, ormoni, microflora intestinale, infiammazione, stress ossidativo). Già dalla superficiale elencazione di questi marcatori è facile capire sia la loro importanza, in grandissima parte inesplorata, sia la complessità della loro interpretazione.

A questi potremmo aggiungere uno dei tanti altri ambiti di ricerca sulla quale intersecare i fattori precedenti come i punteggi di rischio poligenico di Plomin – metriche che raccolgono informazioni da decine, centinaia, migliaia o anche milioni delle nostre varianti genetiche condensando queste informazioni in un punteggio che misura la nostra predisposizione genetica a malattie specifiche o tratti complessi come la depressione, la schizofrenia e il rendimento scolastico. In alternativa diametralmente opposta per complessità, potremmo scordarci di tutte le ricerche genomiche in corso o della disponibilità di kit per il test del DNA, e misurare solo quanto camminiamo veloci all'età di 45 anni. I risultati di uno degli studi più lunghi, ricchi ed estesi dall'età prescolare fino alla vecchiaia ha dimostrato che chi cammina più lentamente a quell'età invecchia più precocemente e i suoi polmoni, denti e sistema immunitario tendono ad essere in condizioni peggiori rispetto a quelli di chi ha un passo più accelerato. Il tutto in persone di 45 anni, non in pazienti geriatrici che sono di solito valutati secondo questi parametri. Ecco, tutto questo per dire che il vero potenziale dell'Intelligenza Artificiale risieda nell'aiutarci ad osservare la relazione tra questi marcatori e capire le ragioni specifiche per cui ognuno invecchia in modo diverso. In altre parole, serve retoricamente a tutto, ma anche a nulla se non aggiungiamo intuizione umana, layer computazionali cognitivi disegnati propriamente e poi quella immensa potenza di calcolo che cominciamo ad avere a disposizione che non viene quasi mai citata, ma che è una delle ragioni per cui oggi possiamo parlare di "Intelligenza Artificiale".

Quali sono le ricerche più attuali e promettenti in ottica futura in questo ambito? Come l'Intelligenza Artificiale può essere utilizzata per migliorare la durata e la qualità della vita?

Ne cito quattro che – a mio avviso – possono permettere una accelerazione, parola chiave nel discorso che stiamo facendo attorno alla longevità, per transitare dallo stato attuale della cosiddetta *Narrow Intelligenza Artificiale* alla fase successiva definita *Broad Intelligenza Artificiale*. Già questo è un passaggio estremamente complesso, per nulla scontato e che poco ha ancora a che vedere con quel concetto di *General Intelligenza Artificiale* che riempie le pagine di cronaca – i computer in grado sostanzialmente di pensare e di decidere in autonomia – e che si staglia su un orizzonte teoricamente possibile, ma – a mio avviso – lontano nel tempo e forse con modalità diverse da come le abbiamo considerate fino ad oggi nella nostra fantasia. Rimanendo ancorati alla realtà possibile e al duro lavoro che stanno facendo decine di team nei diversi centri di ricerca credo che l'"Apprendimento multimodale", ovvero la capacità di imparare contemporaneamente da diversi input decifrando contesti complessi che incorporano immagini, azioni e suoni sia un progresso cruciale perché amplifica un utilizzo contestuale dei dati e, allo stesso tempo, un loro utilizzo diverso rispetto al contesto.

Questa espansione della capacità di apprendimento verrà progressivamente potenziata dalla "Neurosymbolic Intelligenza Artificiale", una tecnica molto simile alla nostra (eccezionale e complicatissima) capacità di interpretazione della realtà. Combinando reti neurali capaci di estrarre strutture statistiche da file di dati grezzi – un contesto di immagini e suoni ad esempio –, questa tecnica ci permetterà di riconoscere e rappresentare, appunto simbolicamente in forma di problemi e di logica, le situazioni che ci si presentano davanti.

In questo contesto si colloca anche quella che definiamo come *Causal Inference*. Esiste una correlazione tra la musica che ascoltiamo e quello che mangiamo? Si tratta di quella capacità di effettuare dei veri e propri salti logici tra quelle azioni o quegli stati che appaiono in prossimità (correlazione) e azioni che effettivamente si influenzano a vicenda (causalità). Non serve sottolineare l'importanza di questa capacità logica nel contesto delle dimensioni olistiche della longevità di cui si diceva prima quando ci troviamo a dare un senso e correlare milioni di data point relativi al nostro benessere.

Infine, ci sono le "Time Series", serie temporali di informazioni che contengono dati eterogenei in continuo aggiornamento temporale: registri delle prestazioni finanziarie o record sanitari. O, rimanendo nel nostro contesto, l'aggiornamento continuo e in tempo reale del nostro stato di salute, di benessere, di felicità in base al nostro comportamento. Vogliamo tutti prevedere più accuratamente le nostre prestazioni future, e al tempo stesso capire attraverso l'evoluzione dei dati quali siano i fattori alla base di quelle prestazioni e come queste siano univocamente riferite a "me" come individuo o a "noi" come comparto sociale e quindi suggerire cambiamenti al comportamento, sempre in tempo reale, per influenzare le prestazioni.

Un primo elemento è dunque quello di provare a rispondere a questa domanda: c'è bisogno di chiarezza, di educazione e c'è bisogno di introdurla lungo tutto il percorso di vita e non alla fine di quel percorso. La longevità non ha a che fare necessariamente con la vecchiaia, ma con la consapevolezza del sé, di quello che ci fa bene rispetto a quello che ci fa stare bene. Il secondo elemento è rappresentato, come dicevo, dall'avere il coraggio nel sostenere una vista orizzontale, una dimensione olistica, rompere i silos e permettere di capire che l'evidenza dei dati e un approccio scientifico è applicabile a tutti i contesti. Torno al discorso di prima: non esistono scienze di serie A e di Serie B o C. Se possiamo dimostrare che il volontariato o lo yoga – che non cito a caso perché sono due dimensioni sulle quali stiamo facendo parecchio lavoro – permettono di misurare un ritorno in longevità, bene io le considero al pari della ricerca sui glicani o sul coenzima NAD+ sui quali stiamo facendo altrettanto lavoro. Un terzo elemento è il mercato. Se non traduciamo questa idea articolata di longevità in una offerta per il mercato stiamo perdendo l'occasione di accelerare un futuro migliore per il pianeta e le persone che lo abitano. Uno dei problemi, infatti, è l'iniquità sociale che vediamo in tutte le dimensioni personali e sociali attorno all'individuo, iniquità che drammaticamente vediamo manifestarsi nel contesto della salute dove la conseguenza è la perdita della vita stessa. Abbiamo bisogno del mercato per coinvolgere le imprese, ridurre i costi, trasformare la longevità in una commodity, non in un beneficio (ulteriore) per i più ricchi.

E di conseguenza l'etica non è solo una dell'accesso, non solo della sicurezza – la cybersecurity sta alla longevità come il microscopio alla ricerca –, non solo della "privacy" ma anche etica dell'interpretazione. In un mondo che sarà sempre più processato attraverso gli algoritmi, la loro comprensione, la spiegabilità, la loro reversibilità diventeranno fattori cruciali per permettere decisioni eque e non basate su stereotipi di genere, di razza, di età appunto, come accade quotidianamente. Se l'erogazione di un mutuo fosse legata al mio stato di salute, bene vorrei che quella valutazione fosse coerente con il mio vero stato di salute e non con un presunto parametro basato su generici fattori estratti da chissà quale tabella compilata da qualche funzionario nel 1975. I dati che inseriamo nei sistemi sono vecchi, i vettori che processano il linguaggio legati a bias di decine di anni fa e poco o raramente aggiornati. E tutto questo non è solo cosa "buona e giusta", è anche, a mio avviso, il perno attorno al quale si distinguerà il successo delle imprese. Si dice che non esista una Intelligenza Artificiale senza i dati. Aggiungo che non esista un business dell'Intelligenza Artificiale senza una sua etica.

CAPITOLO 9

Nuove tecnologie nel settore della salute / new health technologies: Medicina di precisione / medicina di genere

Katharina Crepaz

Technische Universität Monaco di Baviera e Eurac Research Bolzano

Le domande su come trattare la diversità stanno acquistando rilevanza in diversi settori della società, muovendosi tra coesione e differenziazione. Questo si riflette anche nel settore sanitario. La medicina di precisione permette opzioni di trattamento individualizzate per le/i pazienti. Il mio contributo si occupa di una visione da parte delle scienze della salute sulla medicina di genere come campo di ricerca della medicina di precisione in relazione alle possibilità di sviluppo offerte dalle Nuove Tecnologie della Salute. Il progresso tecnologico permette sia approcci più precisi e individualizzati dal punto di vista medico, sia un maggior grado di partecipazione e rappresentazione per le/i pazienti.

In primo luogo, il concetto di *medicina di precisione* deve essere spiegato. La medicina di precisione mira a trovare delle opzioni di trattamento che siano il più possibile individualizzate, e quindi a poter garantire le migliori cure mediche adattate. Le persone sono anche diverse come pazienti e hanno una sequenza genetica unica e individuale. Da un lato, portiamo con noi le informazioni memorizzate fin dalla nascita, dall'altro, il nostro DNA è soggetto a cambiamenti nel corso della nostra vita, che sono causati da fattori esogeni o influenze legate allo stile di vita. Le/i pazienti hanno quindi diverse disposizioni per le malattie che i tradizionali approcci di salute pubblica non possono cogliere nella loro diversità. Tuttavia, è fondamentale che la medicina di precisione non si concentri solo sul livello individuale, ma persegua un approccio sistemico – dal livello individuale a quello sociale. Oltre all'analisi individuale delle caratteristiche genetiche dei/delle pazienti, anche l'ambiente, i cosiddetti determinanti sociali della salute, che saranno discussi più avanti, hanno un ruolo centrale.

La medicina di precisione è caratterizzata dalle 4P: *predittiva, preventiva, personalizzata* e *partecipativa. Predittivo* significa essere in grado di prevedere a quali malattie qualcuno potrebbe essere particolarmente suscettibile attraverso analisi genetiche e predisposizioni. *Preventivo* significa prendere contromisure per prevenire la malattia in una fase precoce, e quindi evitare che la malattia si verifichi in primo luogo. *Personalizzato* si riferisce ai fattori di salute individuali menzionati sopra, ma anche a un rapporto di uguaglianza tra mediche/medici e pazienti. La *partecipazione* si concentra sulla partecipazione delle/dei pazienti, che non ricevono più solo passivamente il trattamento, ma possono assumere un ruolo centrale nella conservazione e nel ripristino della propria salute come esperte/esperti della propria salute – tra l'altro attraverso l'uso di nuove tecnologie. Secondo Leroy Hood, che ha coniato il concetto delle 4 P, è indispensabile una prospettiva interdisciplinare socio-scientifica-medica sulla salute; ciò deriva anche dalla definizione dell'OMS, che considera la salute come "una condizione di completo benessere fisico, mentale e sociale e non esclusivamente l'assenza di malattia o infermità".

La *medicina di genere* invece può essere vista come un esempio di un campo di sviluppi della medicina di precisione. La medicina di genere si occupa di tutte le aree della salute in cui il genere (sia biologico che sociale) esercita una funzione, o in cui si verificano differenze specifiche di genere. Anche qui, una visione sistemica e l'inserimento in approcci orientati all'ambiente sono di grande importanza. Nel campo della salute, gli uomini sono ancora considerati il "caso normale" quando si tratta di testare l'efficacia dei farmaci e di classificare i sintomi tipici delle malattie; gli studi sull'influenza dei principi attivi sulle donne sono spesso carenti. La conseguenza di questo gender data gap è che i sintomi della malattia che sono diversi per le donne spesso non possono essere assegnati correttamente, o che si verificano dosaggi errati. Poiché l'intelligenza artificiale impara da serie di dati esistenti, c'è il pericolo di una mancanza di dati o di un certo pregiudizio anche nella medicina personalizzata e digitale. L'intelligenza artificiale è utilizzata ad esempio per esaminare automaticamente le immagini a raggi X per le anomalie o i cambiamenti patologici; l'addestramento degli algoritmi per essere il più inclusivi possibile è quindi fondamentale per garantire che funzionino per tutti i gruppi di popolazione. Oltre alle differenze biologiche, ci sono anche differenze significative nell'area del genere sociale: a parità di indicazione dell'intensità del dolore, il dolore delle donne è preso meno sul serio di quello degli uomini, e malattie come la sclerosi multipla, di cui soffrono maggiormente donne, subiscono più spesso errori di classificazione come malattie mentali. Gli uomini sono meno propensi ad approfittare dei servizi di prevenzione rispetto alle donne – i servizi digitali a bassa soglia potrebbero aiutare in questo caso.

Le cattedre di medicina di genere o di salute e genere affrontano questi temi che sono anche competenze fondamentali per la formazione delle/dei professioniste/professionisti della salute. La medicina di genere come campo di ricerca medica di precisione potrebbe quindi essere anche un tema orientato al futuro per una facoltà di medicina dell'Alto Adige. Nel contesto della TUM School of Medicine and Health, l'attenzione si concentra sull'interdisciplinarità, la medicina di precisione, la diversità, i determinanti sociali della salute e la Health Literacy, collegati alla telemedicina e ai nuovi sviluppi nel campo della salute digitale.

In un approccio sistemico al tema della salute, ci sono anche delle condizioni quadro che vanno oltre la dimensione della diversità di genere. I cosiddetti determinanti sociali della salute includono l'ambiente sociale, lo status socio-economico, l'esistenza di un background migratorio, le circostanze familiari, il livello di istruzione, l'alloggio e lo spazio vitale, e l'accesso ai servizi sanitari. In tempi di cambiamento climatico, un'attenzione speciale è anche rivolta all'accesso a ecosistemi intatti e alla natura come determinanti sociali della salute. I determinanti sociali della salute accompagnano la medicina di precisione come impostazione della società nel suo insieme, e gli approcci medici individuali non possono essere pensati senza rimandare al rispettivo ambiente personale. Attraverso questo approccio olistico, alle/ai pazienti viene data maggiore attenzione come attori e attrici attivi nelle loro opzioni di prevenzione e trattamento; le nuove tecnologie sanitarie permettono tale integrazione attraverso le nuove tecnologie dell'informazione. Queste includono app che permettono l'automonitoraggio (per esempio ricordando alle/ai pazienti di prendere i loro farmaci, o inserendo/trasmettendo i valori per le/i pazienti diabetici/diabetiche). Le nuove tecnologie dell'informazione sono importanti per la Health Literacy, cioè la conoscenza dei comportamenti che promuovono la salute e di quelli che la danneggiano, e per la creazione di offerte di prevenzione su misura per gruppi che sono particolarmente difficili da raggiungere. Le nuove tecnologie sanitarie non solo facilitano lo scambio tra mediche/medici e pazienti, ma permettono anche l'empowerment delle/dei pazienti stessi: Possono dare un contributo importante al mantenimento o al ripristino della propria salute nel senso di un approccio partecipativo e come esperte/esperti in causa propria.

In Germania, le app possono essere prescritte come prodotti sanitari dall'introduzione del *Digitale-Versorgung-Gesetz* (legge sull'approvvigionamento digitale) nel 2019, e sono testate in anticipo dall'Istituto federale per i farmaci e i dispositivi medici per la loro idoneità funzionale, qualità, sicurezza dei dati e protezione dei dati. In questo modo si effettua un controllo di qualità, e le/gli utenti e le/i mediche/medici sanno quali app della variegata gamma online possono essere utilizzate e quali no, anche per quanto riguarda la protezione dei dati. In Alto Adige è già stato fatto un importante lavoro preliminare verso la digitalizzazione del sistema sanitario con il fascicolo sanitario elettronico; l'aumento dell'uso e della certificazione delle app (ad esempio per il monitoraggio del diabete e della pressione alta) potrebbe rappresentare un'opportunità per rendere più accessibili i servizi medici, soprattutto nelle zone rurali. Anche qui, la cooperazione tra le professioniste e i professionisti del settore medico, le ricercatrici e i ricercatori di scienze sociali, e le esperte e gli esperiti di informatica è cruciale per assicurare il miglior adattamento possibile dei servizi digitali.

CAPITOLO 10

Convergenza uomo-macchina e considerazioni etiche sulle tecnologie del futuro

Karim Fathi

Circolo per il Futuro del Ministero Federale Tedesco dell'Istruzione e della Ricerca (BMBF) per il Governo Federale Tedesco 2019-2023

Nell'era dell'Antropoceno, gli esseri umani sono diventati il fattore più importante che influenza praticamente tutti i processi sulla Terra. Tuttavia, alcuni osservatori, come James Lovelock, sospettano già la sostituzione dell'Antropocene con il Novocene: un'epoca di iperintelligenza tecnologica, che potrebbe crescere dall'Intelligenza Artificiale. Gli sviluppi associati al "transumanesimo", o in altre parole, alla crescente convergenza uomo-macchina – vale a dire alla sempre più diretta integrazione tra corpo umano e macchina – si riveleranno probabilmente particolarmente formativi per questa nostra epoca.

La prospettiva di questi sviluppi è eticamente ambivalente e incerta dal punto di vista della multi-resilienza sociale. Senza pretendere risposte definitive o completezza, i politici hanno bisogno di una visione d'insieme oltre che di interrogativi e premesse come base per le decisioni di direzione politica. Nel contesto dell'emergente convergenza uomo-macchina, gli attuali sviluppi possono essere attribuiti essenzialmente a tre dimensioni intrecciate: la connessione

1. del corpo umano con protesi e ortesi;
2. del cervello umano con computer e macchine (via interfacce cervello-computer e cervello-macchina); e
3. della coscienza umana con l'Intelligenza Artificiale (IA).

Ad 1) Gli attuali sviluppi nella tecnologia protesica e ortesica ibrida, progettata dall'uomo, includono l'apprendimento, i supporti robotici per gli arti che assistono le persone con gravi problemi di mobilità, come un esoscheletro. In futuro, questi potrebbero essere gradualmente integrati o sostituiti da protesi.

Gli ultimi sviluppi, come quelli di Würth Elettronica, includono ortesi morbide, ispirate alla "robotica morbida", da "indossare", che aumentano la forza del corpo umano e sono da utilizzare anche al di fuori del settore medico. Questi potrebbero essere gradualmente integrati o sostituiti da protesi in futuro. I primi prototipi esistono anche nel campo delle protesi che utilizzano materiali morbidi e flessibili. È concepibile che le protesi tecnologiche possano essere più potenti delle parti naturali del corpo già in un prossimo futuro.

Ad 2) La connessione del cervello con computer e macchine include le cosiddette tecnologie "intrusive" e tecno-bio-ibride (Roland Benedikter), tra l'altro sotto forma di interfacce cervello-computer e cervello-macchina (le cosiddette BCIs e BMIs). Le scoperte degli ultimi anni hanno permesso di sviluppare sistemi di apprendimento automatico che sono in grado di riprodurre numeri, parole e frasi che i soggetti umani elaborano nel centro del cervello. Anche se il modo esatto di azione nel cervello è ancora sconosciuto, è possibile influenzare l'umore e il comportamento attraverso la cosiddetta "stimolazione cerebrale profonda", un procedimento tecnologico applicato al cranio umano. In linea di principio, non si può escludere che la "stimolazione cerebrale profonda" possa anche migliorare le prestazioni del cervello umano in futuro (il cosiddetto *neuro-enhancement*), il che rende questa tecnologia oggetto di discussioni etiche. Il prodotto più importante è Neuralink, un elettrodo cerebrale impiantabile sviluppato dall'azienda omonima di Elon Musk. Musk associa la tecnologia da sviluppare *(tecnologia neural lace)* all'aspettativa che possa migliorare la memoria o dotare le persone di un'intelligenza artificiale supplementare. Al contrario, non bisogna sottovalutare che esiste anche la cosiddetta tecnologia eBCI, cioè sistemi esterni e non invasivi che possono essere indossati come un berretto, un cappello o una fascia. Ci sono ora sedie a rotelle e protesi che possono essere controllate da persone paralizzate solo attraverso i loro pensieri utilizzando questa tecnologia, ed è concepibile che possa essere incorporata in vari veicoli. Le applicazioni non mediche potrebbero includere il controllo dei droni, le interfacce di gioco e streaming audiovisivo alimentate direttamente nel cervello. Questa tecnologia di interfaccia ha il potenziale per essere diffuso come tecnologia di uso quotidiano, in un ampio mercato.

Ad 3) L'Intelligenza Artificiale (AI) è stata una delle aree centrali della ricerca mondiale per diversi anni e ha celebrato diverse scoperte. Oltre alle applicazioni di apprendimento automatico sempre più potenti, lo sviluppo delle cosiddette emulazioni cerebrali – la replica e la simulazione del cervello umano nel regno digitale – continua ad avanzare. È probabile che le emulazioni cerebrali si rivelino particolarmente significative nel contesto della convergenza uomo-macchina. Mentre le ortesi/prostesi e le BCI mirano a trasformare gli esseri umani in macchine (cyborgization), le emulazioni cerebrali mirano a rendere l'IA più simile all'uomo. Tutto sommato, quasi nessun'altra tecnologia è associata a una simile promessa di salvezza come l'IA. I cosiddetti singolaristi, come il direttore tecnologico di Google, Ray Kurzweil, suppongono che il raddoppio – abbastanza osservabile – della potenza di calcolo e quindi anche dell'intelligenza dei computer circa ogni due anni dovrebbe portare a una crescita esponenziale e quindi a un'esplosione dell'intelligenza tecnologica (legge di Moore). Un computer che avesse un'intelligenza generale pari a quella di un umano medio avrebbe il livello della cosiddetta "superintelligenza tecnologica". Questi potrebbero progettare nuovi computer ancora più intelligenti, che a loro volta produrrebbero successori ancora più intelligenti in successione sempre più rapida. A questo punto irreversibile, si raggiungerebbe la cosiddetta "singolarità tecnologica". Ciò che accadrebbe dopo questa esplosione di intelligenza è imprevedibile e rimane controverso.

Infine, bisogna notare che la fase successiva dell'"interazione uomo-computer" è la cosiddetta "integrazione uomo-computer". Ciò che si intende con questo è che al di là della semplice interazione sta emergendo una cooperazione basata sulla partnership tra esseri umani e macchine. Gli umani compensano le carenze dell'IA e lavorano come *backup umano* nei sistemi intelligenti. Lavorano in modo cronometrato e diventano in una certa misura "servi dell'intelligenza artificiale". UBER ne è un esempio attuale. Il sistema utilizza le auto e gli autisti privati esistenti e li integra nel sistema tecnologico automatizzato. Fondamentalmente, UBER non avrebbe affatto bisogno degli autisti se le auto fossero abbastanza intelligenti e potessero guidare da sole. Gli autisti UBER aiutano il sistema digitale UBER a offrire il servizio. Non appena le auto potranno guidare da sole, gli autisti di UBER non avranno più bisogno di guidare per guadagnare. Sarà sufficiente "liberare" il loro veicolo privato per l'uso di UBER.

Le conseguenze di questi sviluppi sono di vasta portata. Questo è dimostrato, tra l'altro, dall'avvio di interi settori e rami dell'economia e dall'intensificarsi della corsa internazionale allo sviluppo dell'interfaccia uomo-macchina. Specialmente nel contesto del percorso emergente del "Homo Deus" (Juval Harari) sorgono domande per il futuro sull'immagine di sé degli umani. Questo richiede un dibattito più intenso e orientato al lungo termine, anche in politica, confrontandosi con la filosofia tecnologico-umana del transumanesimo e le iniziative correlate che dominano gli sviluppi attuali.

Il "transumanesimo", in particolare, è un'ideologia globalmente espansiva che riguarda il superamento della natura finita degli umani e quindi la creazione di un nuovo tipo di umano – uno "stato postumo" (Max More). Il transumanesimo condivide molti aspetti con l'umanesimo, incluso il rispetto per la ragione e la scienza, l'impegno per il progresso e il riconoscimento del valore dell'esistenza umana (o transumana) in questa vita. Soprattutto, l'obiettivo centrale del transumanesimo è quello di espandere completamente le capacità mentali, fisiche ed emotive degli esseri umani con l'aiuto della scienza e della tecnologia, e di superare i limiti biologicamente determinati.

Al centro di molte discussioni c'è il confronto con la "singolarità tecnologica", attesa per la metà del secolo e valutata piuttosto ottimisticamente nel quadro del transumanesimo. La valutazione che il progresso non può essere fermato è ampiamente condivisa. Da questo punto di vista, il futuro dell'uomo – anche se l'Intelligenza Artificiale dovesse rivoltarsi sempre più contro l'uomo per i suoi propri meccanismi di autoconservazione – non potrà che svolgersi in una connessione sempre più stretta con lui. Gli esseri umani potrebbero così diventare un ibrido tecno biologico. A questo proposito, due iniziative possono essere presentate come esempi che mirano a promuovere una convergenza uomo-macchina ottimisticamente ispirata sulla base di idee transumaniste.

Già nel 2008, Ray Kurzweil ha fondato il cosiddetto Singularity Education Group (anche *Singularity University*), una società statunitense che offre programmi educativi, un incubatore di imprese e consulenze sull'innovazione per educare, potenziare e ispirare i leader a utilizzare le tecnologie esponenziali (Intelligenza Artificiale, robotica, nano o biotecnologia) per affrontare le grandi sfide dell'umanità.

Nel 2013, una coalizione di leader transumanisti chiamata *Global Future Congress 2045* iniziata da Dmitry Itskov si è rivolta all'allora segretario generale delle Nazioni Unite Ban Ki-Moon con un appello per l'attuazione di una strategia tecnologica radicale a tutti i livelli. Questa strategia è stata presentata come un passo centrale nell'evoluzione verso un'umanità globalmente unita, affrontando finalmente le sfide globali della civiltà ipertecnologica e lavorando verso la realizzazione di una nuova realtà futuristica basata su cinque principi: alta spiritualità, alta cultura, alta etica, alta scienza e alte tecnologie.

Nell'esame critico di questi sviluppi ambivalenti e incerti degli sforzi "transumani" per superare tecnologicamente l'essere umano esistente e per ricostruirlo per mezzo della fusione con la tecnologia, e visto le filosofie sottostanti, ne derivano implicazioni e domande che sono sia di natura etico-filosofica come, allo stesso momento, essi riguardano la multi-resistenza sociale.

Da una prospettiva etico-filosofica, si pone la questione di come un'ulteriore convergenza uomo-macchina influenzerà l'immagine di sé degli umani e la condizione umana in quanto tale. Gli sviluppi ipertecnologici offrono l'opportunità di porre le domande più profonde sul sé, l'individualità, l'essere umano e l'essere umano nuovo. Così, la tecnologia si prepara a rimodellare l'essere umano, anche se molte domande filosofiche e psicologiche fondamentali rimangono senza risposta: Cos'è l'"io" umano in primo luogo, e come funziona la coscienza? Cosa determina l'"essere umano"? Qual è la base della sua dignità – la sua dignità, per esempio, non potrebbe essere determinata esattamente dalla sua mortalità e limitatezza? Cosa stabilisce la sua felicità – il principio di auto-ottimizzazione e di "superamento del corpo" immanente nel transumanesimo soddisferà lo scopo più profondo di rendere l'essere umano più felice, più realizzato e più appagato? Qual è la posizione dell'essere umano nel cosmo, e quale può essere rispetto alla tecnologia? Inoltre, come sollevato da Charles Eisenstein, per esempio, si pone la questione fondamentale se l'uomo possa riuscire a sottomettere la terra. Dopo tutto, l'uomo stesso è parte della natura e rimane in balia delle leggi della natura. Tutti gli interventi tecnologici che non sono finalizzati a raggiungere l'armonia con la natura potrebbero portare inevitabilmente a effetti collaterali indesiderati e persino a crisi vere e proprie.

Dal punto di vista della multi-resilienza e della sostenibilità della società, sono proprio questi rischi involontari associati all'avanzamento della convergenza uomo-macchina e all'uso di tecnologie dirompenti che devono essere presi in considerazione dalla politica. Molti transumanisti, come Elon Musk o Seve Wozniak, hanno riconosciuto il pericolo delle tecno-crisi, ma la loro attenzione è quasi esclusivamente sul pericolo di un'Intelligenza Artificiale altamente sviluppata e fuori controllo. Dalla proposta di un "Codice di condotta digitale" (Brad Smith) alla creazione di un osservatorio dell'IA, così come le considerazioni sulla limitazione dell'Intelligenza Artificiale fin dall'inizio o la programmazione di "valori" (che ancora oggi si rivela una sfida centrale nella comunicazione uomo-macchina, che forse potrà essere risolta in futuro con linguaggi strutturali leggibili dalla macchina come FORMWELT), c'è una vasta gamma di idee e iniziative parzialmente attuate. Nel contesto della resilienza della società, tutte queste considerazioni sono importanti, ma falliscono se sono unilaterali. È necessaria una prospettiva "multi".

Infatti, da un lato, la multi-resilienza sociale tiene conto del fatto che le società sono esposte a molteplici sfide globali che si verificano simultaneamente. D'altra parte, affronta il cosiddetto "paradosso della resilienza", per cui le innovazioni e la risoluzione dei problemi in un'area possono portare a nuovi problemi e vulnerabilità inaspettate in altre aree. Un obiettivo essenziale per promuovere la multi-resilienza della società è quello di promuovere l'intelligenza collettiva umana e la saggezza collettiva delle società nel loro insieme per essere in grado di reagire più rapidamente e in modo appropriato ai "fasci di crisi" e alle "crisi multiple". L'intelligenza collettiva si manifesta in una migliore capacità di innovazione e di risoluzione dei problemi. La saggezza collettiva, d'altra parte, interroga il significato più profondo e lo scopo dei percorsi di sviluppo scelti o imminenti ed è utile per anticipare sviluppi inaspettati. Da una prospettiva sistemica, l'intelligenza e la saggezza collettive si basano principalmente su misure di migliore collaborazione e integrazione delle conoscenze dei rappresentanti di diverse discipline e settori della società. Analogamente alle iniziative orientate a livello globale, come il *Global Future Congress 2045*, la multi-resilienza e la sostenibilità dovrebbero essere pensate non solo a livello territoriale o nazionale, ma anche globale. I rischi esistenziali indotti dall'uomo, comprese le tecno-crisi, non possono essere risolti a livello territoriale o nazionale, ma richiedono una cooperazione globale.

Solo nell'area di tensione tra la richiesta della società di svilupparsi tecnologicamente e allo stesso tempo – dal punto di vista della multi-resilienza e della sostenibilità della società – di prevenire effetti collaterali indesiderati e rischi esistenziali, si possono derivare punti di orientamento per le decisioni politiche. Queste raccomandazioni includono la promozione sistematica dell'intelligenza collettiva e della saggezza collettiva sulla base della cooperazione transdisciplinare, transnazionale e intersocietaria nello sviluppo e nell'implementazione della tecnologia.

Ci sono alcuni punti di partenza esemplari su questo. Il Future of Humanity Institute (FHI) dell'università di Oxford può essere considerato un'importante istituzione che si dedica ad anticipare i rischi esistenziali indotti dall'uomo –

come uno scenario di Grey Goo o un'Intelligenza Artificiale superintelligente incontrollabile. Il FHI è un centro di ricerca interdisciplinare diretto da Nick Bostrom. Il suo approccio dovrebbe essere portato avanti anche nell'Europa continentale. Sarebbe auspicabile creare ulteriori istituti di consulenza politica, think tank e forum specializzati nell'anticipazione interdisciplinare dei rischi e nella riflessione etico-filosofica, che dovrebbero essere composti in modo eterogeneo da rappresentanti della scienza e della società civile, così come della politica e del settore privato, e basarsi su una rete trans-settoriale e globale.

I dialoghi strategici di anticipazione del rischio con le iniziative transumaniste esistenti, come il *Global Future Congress 2045*, portano più vantaggi che svantaggi. Il tema dell'anticipazione del rischio globale e dello sviluppo di azioni collaborative per migliorare la sostenibilità e la multi-resilienza potrebbe anche servire come leitmotiv per promuovere la collaborazione inter e trans-regionale, europea e delle Nazioni Unite – e forse anche come importante punto di partenza per l'Europa per porre l'accento nel discorso attualmente dominato dalla Cina sulla formazione della globalizzazione 2.0.

CAPITOLO 11

Futures Literacy (e Tech Literacy)

Riel Miller

Ex Direttore della ricerca sul futuro e dell'educazione al futuro, UNESCO Parigi

Come "futurista" mi viene spesso chiesto di parlare di tecnologia. Le persone sono affascinate dai loro strumenti tecnologici. In parte perché questi prodotti della nostra immaginazione e ingegnosità hanno una traiettoria così ovvia: inventati e applicati, è facile proiettare un percorso nel futuro. Auto più veloci, telefoni "più intelligenti", vaccini migliori, catene di montaggio più efficienti, robot più veloci, gestione migliore, ecc. E poi, naturalmente, c'è la sindrome di Frankenstein. Consiste in questo: in parte paranoici, in parte megalomani, ci immaginiamo di giocare il ruolo di un "dio" e di creare la vita (tecnoide) che poi ci si rivolta contro uccidendo o superando i suoi "genitori".

Da molto tempo sono frustrato da quanto questa estrapolazione di strumenti domini il nostro immaginare il futuro. Un "apprendista stregone" che prima offre una soluzione a un problema che poi diventa una maledizione. I social media distruggono le relazioni sociali. Le automobili distruggono l'ambiente. Sì, ma da dove si inizia? È perché abusiamo dei nostri strumenti (tecnici)? È perché i nostri strumenti (tecnici) stanno abusando di noi? È perché diventiamo assuefatti, dipendenti, incapaci di immaginare altro? Perché le nostre capacità di creare strumenti sono incanalate verso un insieme ristretto di "soluzioni"?

Tutte queste domande possono essere viste come parte della stessa visione che vede il mondo come un luogo di problemi e soluzioni; un mondo in cui la sfida per gli umani è principalmente quella di usare la nostra immaginazione in modo da poter strumentalizzare qualsiasi cosa per raggiungere i nostri obiettivi.

Ci sarebbe certamente molto da dire sulle origini di questo modo di vivere: perché è nato e cosa lo fa andare avanti. Qui, mi interessa solo un pezzo del puzzle: vale a dire, l'aspirazione all'obiettivo, che riduce ogni possibile futuro a ciò che è considerato "realizzabile". Il mio punto di vista, presentato qui di seguito come un viaggio di apprendimento nei meandri di tre decenni, è che riformulare il nostro rapporto con il mondo che ci circonda – da sfruttatore consapevole e guidato a simbionte riflessivo – richiede la coltivazione di un'abilità che è accessibile a tutti: usare il futuro (sempre immaginario) per ragioni diverse, in modi diversi e in contesti diversi. Questa capacità, che può essere chiamata *competenza futura*, comprende le ragioni e i metodi familiari per pianificare l'uso del futuro. Ma abbraccia anche qualcosa di così poco familiare da essere difficile da comprendere: *l'uso di immagini del futuro* (cioè, immagini del "non presente, non passato" e quindi necessariamente del "più tardi di adesso") *per giocare con il presente.*

Di cosa si tratta?

Come molti sottolineano oggi (vedi, per esempio, il lavoro di Bayo Akomolafe), per andare avanti, si tratta prima di "defamiliarizzare" la nostra percezione di tutto, compresi noi stessi. Si tratta di imparare, ad un livello profondo e riflessivo, che i sistemi e i processi anticipatori che si vedono e si esercitano più chiaramente quando siamo bambini e dobbiamo far fronte alle necessità della sopravvivenza sono in realtà insufficienti in un universo che è ineluttabilmente creativo, pieno di novità e differenze. Potremo cambiare la nostra relazione con i nostri strumenti tecnologici solo quando cambieremo il nostro modo di vivere in questo universo. Smettiamo di cercare di giocare al ruolo degli "dei" o controllori del futuro e comprendiamo la meraviglia e il mistero del cambiamento, della nascita e della morte, degli inizi e delle fini, della continuità e della differenza, di cui siamo solo una parte, non superiori a tutto il resto, non distinti, nemmeno alieni. Noi siamo i nostri strumenti; e i nostri strumenti sono noi.

I seguenti estratti da testi a cui ho lavorato, il primo all'OCSE alla fine degli anni '90 e il secondo per una pubblicazione sull'"alfabetizzazione mediatica" una ventina d'anni dopo (intorno al 2019), indicano la difficoltà di separare l'umanità da visioni a lungo sostenute sul futuro della tecnologia. Spero che il mio viaggio illustri al lettore i punti di cui sopra – e viceversa, forse mi ispira ad esplorare cosa significa espandere la nostra capacità di immaginare il futuro oltre gli imperativi estrapolativi degli sforzi per colonizzare il futuro. In questo senso, credo quanto segue.

1. Conservazione contro dinamismo, incrementalismo contro radicalismo sono gli estremi che – non sorprenderà – dominano molti dibattiti sul futuro del nostro millennio. Tuttavia, le prospettive di prosperità economica, sociale e

ambientale negli anni a venire dipenderanno dalla nostra capacità di promuovere attivamente cambiamenti che vadano oltre quelli del ventesimo secolo. In particolare, la realizzazione del pieno potenziale delle tecnologie di domani per contribuire al benessere umano dipende in larga misura dalla capacità di gestire il cambiamento. I benefici del dinamismo socio-tecnico, piuttosto che preservare ciò che è stato fatto prima, sottolineano l'urgenza di andare oltre gli approcci incrementali e reattivi ad hoc per sviluppare e implementare corsi d'azione economici, sociali e tecnologici più trasformativi e integrati.

La previsione di potenziali applicazioni tecnologiche nel 2030 richiede quindi una migliore comprensione di come le tendenze delle nuove tecnologie interagiscono con la disponibilità della società ad abbracciare il cambiamento. Ci si possono aspettare progressi significativi in una vasta gamma di tecnologie: informatica, tecnologie del cervello, nuovi materiali (specialmente miniaturizzazione e compositi intelligenti), energia, trasporti e strumenti e sistemi ambientali. La base tecnica (distinta da quella economica e sociale) di questa ondata di innovazione in corso emergerà in gran parte dai potenti sviluppi nei campi dell'informazione digitale e genetica. L'esplorazione e la manipolazione di questi due blocchi di costruzione – uno emergente dalla capacità computazionale delle macchine, l'altro dalla natura – è probabile che contenga enormi tesori sia per i costruttori di strumenti che per gli utenti. In effetti, sembra esserci un forte circolo virtuoso tra una migliore informazione e strumenti più potenti, poiché ogni conoscenza acquisita attraverso il calcolo digitale aiuta a guidare nuove idee per lo sviluppo e l'uso delle tecnologie.

Questa complementarità è particolarmente pronunciata nel dominio digitale. I miglioramenti nella quantità e nella qualità delle informazioni convertite in zeri e uno permettono rapidi progressi in molte altre aree della scienza e della tecnologia. Più veloce, più economico, più piccolo sono più che semplici parole d'ordine per il settore altamente competitivo dell'informatica. Ci sono un certo numero di miglioramenti nella pipeline di sviluppo che potrebbero accelerare il ritmo già rapido del miglioramento dei costi e delle prestazioni. Per esempio, c'è una buona probabilità che i computer misti ottica/silicio saranno ampiamente utilizzati. Questo permetterà di trasmettere dati con fasci laser all'interno di un chip di computer, superando alcuni dei colli di bottiglia – come il calore eccessivo – creati dalla miniaturizzazione dei circuiti sui semiconduttori. Gli sviluppi nella superconduttività criogenica e i nuovi metodi di raffreddamento miglioreranno anche le prestazioni di lavorazione. Anche la meccanica quantistica sembra essere all'orizzonte, promettendo potenzialmente grandi progressi nella velocità di calcolo. Tutto sommato, le prospettive per le componenti chiave della tecnologia informatica sono promettenti.

La tecnologia di rete continuerà anche ad evolversi lungo un percorso che offre sia una maggiore diversità che una larghezza di banda molto più elevata. I sistemi di trasmissione ad alte prestazioni si baseranno su sistemi a fibre ottiche sempre più veloci, mentre le comunicazioni mobili saranno coperte da una varietà di satelliti a bassa e alta orbita. Più dello spettro disponibile sarà meglio utilizzato attraverso trasmissioni digitali e tecniche di compressione che permetteranno a flussi di dati ad alta densità di raggiungere una varietà di luoghi e dispositivi. Per gli utenti, i servizi di comunicazione potrebbero non essere completamente a costo zero, ma si avvicineranno a questo entro la fine del terzo decennio di questo secolo.

È probabile che si facciano notevoli progressi nel migliorare l'interfaccia uomo-macchina, specialmente quando si perfezionerà il riconoscimento vocale e gestuale. Anche la traduzione istantanea in tempo reale potrebbe essere quasi completamente funzionale entro il 2025. La maggior parte delle questioni attuali relative alla sicurezza informatica, alla privacy e all'interoperabilità potranno essere risolte, permettendo lo stesso livello di fiducia (a volte anche di più, grazie alla verifica istantanea) che esiste oggi nelle transazioni e comunicazioni faccia a faccia. I sensori basati sui semiconduttori, alcuni a livello molecolare o atomico e integrati con il DNA umano, saranno in grado di raccogliere in modo economico grandi quantità di informazioni ambientali e biologiche altamente accurate e aprire nuove prospettive per la connettività diretta uomo-macchina.

Tuttavia, un possibile freno al miglioramento delle prestazioni nel campo della tecnologia dell'informazione (IT) potrebbe essere il software. Molti analisti vedono solo modesti progressi nel campo dell'"Intelligenza artificiale" nei prossimi decenni. La ricerca di un software capace di pensiero indipendente e di rispondere alla conversazione umana con ragionamento e creatività continuerà probabilmente fino alla metà del secolo. Tuttavia, è probabile che arrivino sul mercato agenti intelligenti in grado di raccogliere dati sui gusti e i modelli comportamentali di una persona. Si prevedono anche notevoli progressi nello sviluppo di VRML *(Virtual Reality Markup Language)*, una versione tridimensionale del HTML *(HyperText Markup Language)* basato sul testo. Oltre ad accelerare il cambiamento o a ridurre il costo di molte attività attuali, l'uso di questi potenti strumenti digitali apre la possibilità di profondi cambiamenti.

Per esempio, c'è una buona probabilità che la potenza di calcolo avanzata sarà usata per aiutare le persone a vivere o a creare nuovi tipi di comunità, sia virtuali che reali. In alcune parti del mondo, questo potrebbe significare un ritorno ai villaggi e ad ambienti meno urbani. In altre regioni, dove ci possono essere migliori infrastrutture o altre attrazioni, le persone rimarranno nella loro "Silicon Alley". I vincoli imposti dalla distanza fisica cambieranno nel mondo connesso del 2030. L'isolamento fisico non deve più portare svantaggi economici o sociali così grandi.

L'uso dei computer migliorerà notevolmente le opportunità nella produzione, nei trasporti, nell'energia, nel commercio, nell'educazione e nella salute. I robot industriali, per esempio, diventeranno molto probabilmente onnipresenti man mano che software e hardware migliori permetteranno loro di eseguire compiti ardui, pericolosi, di alta precisione o miniaturizzati in molti settori dell'economia. Saranno utilizzati anche nelle profondità marine e nello spazio. I computer avranno probabilmente un impatto sui costi ambientali del trasporto migliorando sia la progettazione dei veicoli (auto ibride, motori a celle a combustibile a idrogeno, ecc.) che la gestione del traffico. Nel campo della produzione e della conservazione dell'energia, si apriranno orizzonti completamente nuovi quando i computer e le reti ridurranno i costi e i rischi della cogenerazione e permetteranno la diffusione della gestione locale della produzione e dell'uso dell'energia. I computer potenti renderanno più facile sviluppare prodotti che sono più rispettosi dell'ambiente perché il processo di produzione è meno dispendioso e il prodotto finale può essere riciclato, riutilizzato o rigenerato.

Ad un livello ancora più ampio, lo sviluppo informatico dell'e-business cambierà probabilmente in modo profondo i modi attuali di fare affari. Di conseguenza, è probabile che emergano nuovi prodotti e servizi e nuovi mercati. Il ruolo tradizionale dell'intermediario può scomparire ed è probabile che emergano relazioni più dirette tra imprese e consumatori. Il processo di inventare e vendere prodotti potrebbe anche essere capovolto, poiché i consumatori creano le specifiche che vogliono e poi cercano produttori competenti e anche altri acquirenti per loro.

Per quanto riguarda la ricerca e la collaborazione essenziali per l'apprendimento e la ricerca scientifica di base, le tecnologie dell'informazione di domani apriranno nuove possibilità migliorando radicalmente le capacità di comunicazione e simulazione. La capacità della realtà virtuale di replicare situazioni storiche e fisiche potrebbe significare che il "learning by doing", cioè la ricerca sperimentale collaborativa e il muoversi al proprio ritmo, è alla portata di ogni persona "cablata". Una volta liberati da alcuni dei vincoli di costo, tempo e spazio dell'educazione tradizionale, potrebbe anche essere possibile andare oltre i metodi di socializzazione della scuola dell'era industriale e creare un sistema che incoraggi la creatività individuale.

Per evitare di annegare in un oceano di informazioni in questo mondo che sta già emergendo oggi, è probabile che le persone utilizzino dei "knowbot" (robot della conoscenza) per navigare efficacemente. I robot virtuali con compiti abbastanza strettamente definiti, una sorta di software esperto, saranno in grado di tracciare e rispondere a molte esigenze umane, dalla capacità banale di un tostapane in rete di identificare gli utenti e recuperare le loro preferenze, alle funzioni più avanzate di screening delle e-mail, confronto degli acquisti e compilazione/tracciamento delle "avventure" di apprendimento individuali di una persona. E nell'assistenza sanitaria, i dispositivi autonomi di rilevamento e diagnostica indossabili collegati a sistemi esperti a distanza potrebbero migliorare notevolmente la mobilità dei pazienti e l'efficienza delle risorse ospedaliere.

Eppure, per tutta questa promessa tecno-scientifica, ci sono miriadi di rischi che potrebbero essere causati o esacerbati dalle innovazioni tecnologiche di domani. Come è sempre stato il caso da quando le tecnologie sono state usate non solo per la sopravvivenza ma anche per il conflitto, gli strumenti tecnologici hanno spesso un lato negativo. I progressi tecnologici di per sé non ci permettono di trarre conclusioni sul loro utilizzo. Se si considerano solo in termini di fattibilità tecnica – cioè, senza prendere in considerazione le garanzie economiche e sociali che saranno probabilmente un prerequisito per il rapido sviluppo di queste scoperte tecnologiche di domani – i pericoli possono certamente essere identificati.

Se questi rischi possono essere gestiti, è plausibile che nei prossimi anni tutta una serie di progressi tecnologici migliorerà significativamente il benessere umano e aiuterà a mettere lo sviluppo del mondo su un percorso più sostenibile. Tuttavia, come dimostra la storia, la disponibilità di una particolare scoperta scientifica o di una tecnologia innovativa non garantisce che il suo potenziale si trasformi in applicazioni utili, o che sia ampiamente diffusa o raggiunga coloro che potrebbero usarla in modo più produttivo. Raccogliere i benefici e ridurre i rischi del progresso tecnologico dipende da una complessa interazione con le condizioni economiche, sociali e politiche sottostanti di un territorio. Al fine di raccogliere i frutti delle dinamiche socio-tecniche, due aspetti devono essere attentamente considerati: in primo luogo, come diversi ambienti socio-economici portano a differenze nel ritmo e nella direzione dell'innovazione tecnologica e della diffusione; e in secondo luogo, quale impatto hanno l'uso e la diffusione delle nuove tecnologie sull'economia e la società di un dato territorio.

Molte persone accolgono con favore la prospettiva che l'innovazione tecnologica offra così tante grandi opportunità. Tuttavia, insieme a questo ottimismo viene un profondo riconoscimento che sia la desiderabilità che la fattibilità degli sviluppi tecnologici dipendono principalmente dall'adozione e dalla diffusione di numerosi quadri politici, economici e sociali. Al contrario, si ritiene che la direzione, il ritmo e la diffusione delle innovazioni tecnologiche influenzino fondamentalmente le strutture di conoscenza sottostanti, gli incentivi economici e i vincoli sociali. Si ritiene quindi che la realizzazione del potenziale tecnologico dipenda in gran parte dalla promozione di una complessa interazione di progressi sociali e tecnologici che si rafforzano a vicenda – un'interazione che può essere definita come *dinamica socio-tecnica*.

Nell'economia della conoscenza in rete di domani, l'immaginazione – persino l'arte – potrebbe diventare importante quanto il sempre più importante vantaggio competitivo ottenuto dall'essere i primi a lanciare un nuovo prodotto sul mercato. Per le imprese e le famiglie, un *percorso socio-tecnico dinamico* significa rompere con una serie di abitudini e costumi profondamente radicati per raggiungere livelli senza precedenti di innovazione proattiva e personalizzazione in tutti i settori del commercio e della vita. Per favorire questo dinamismo socio-tecnico nei prossimi decenni, bisogna concentrarsi su due grandi obiettivi. In primo luogo, i decisori del settore pubblico e privato, compresi i politici, dovranno fare sforzi significativi per promuovere la creatività individuale e organizzativa – la capacità e la libertà di introdurre innovazione e cambiamento nei nostri modi di lavorare e vivere. In secondo luogo, nei settori pubblico e privato, è necessario porre l'accento sul miglioramento del processo decisionale collettivo (saggezza collettiva) sia per guidare il dinamismo socio-tecnico che per sfruttare e condividere i suoi benefici. Gran parte dell'analisi evidenzia la forte interdipendenza tra gli sforzi di collaborazione per garantire l'accessibilità e l'affidabilità delle informazioni nell'economia della conoscenza e la capacità individuale di competere, valutare il rischio e imparare.

Evidenziare questi obiettivi per la politica futura non implica in alcun modo un allontanamento dagli obiettivi politici più familiari, come assicurare un quadro macroeconomico stabile, promuovere l'adeguamento strutturale attraverso la flessibilità dei mercati dei prodotti, del lavoro e dei capitali, migliorare la capacità di apprendimento delle persone e prevenire l'esclusione sociale. Al contrario, queste ben note priorità politiche non sono diventate meno importanti, ma sono viste dalla maggior parte degli analisti come cruciali per raggiungere la creatività e la collaborazione che sono alla base di un contesto economico e sociale innovativo e adattivo per l'innovazione tecnologica. Un'altra priorità politica è quella di adattare l'infrastruttura di apprendimento ai bisogni di un'economia della conoscenza innovativa, incluso, ma non solo, l'affrontare l'offerta educativa specifica dell'era industriale.[1]

2. Secondo ma non meno importante, *l'alfabetizzazione futura, l'alfabetizzazione mediatica* e *l'approccio delle capacità alla libertà* saranno cruciali. In tutto il mondo, le persone sono attualmente preoccupate per il futuro. Si parla molto di previsioni e pronostici nelle università, nelle sale riunioni delle aziende, nelle sale conferenze dei governi e nei media. Lo sforzo di immaginare cosa succederà consuma energia emotiva e intellettuale. Inventare immagini delle sorprendenti applicazioni di domani delle nuove tecnologie è in prima linea nel discorso pubblico, così come l'attuale entusiasmo per l'intelligenza artificiale. Non è affatto sorprendente che gli argomenti che diventano oggetto di conversazioni domestiche entrino anche nei dibattiti e nelle agende delle politiche pubbliche. Ma queste diverse e spesso dettagliate immagini del futuro appartengono tutte a un solo tipo di futuro: il tipo di futuro che si immagina quando si cerca di influenzare, in un modo o nell'altro, ciò che accadrà in futuro. Di solito, questi sforzi di "usare" il futuro per pianificare ciò che accadrà sono tecniche per produrre previsioni "credibili" – cioè, descrizioni del futuro derivate da considerazioni probabilistiche. Di conseguenza, l'immaginazione umana produttiva e potenzialmente liberata è limitata ai tentativi di prevedere gli eventi futuri.

Tuttavia, ci sono momenti in cui *un diverso tipo di futuro* entra nel pensiero delle persone, uno che offre una prospettiva diversa e si scrolla di dosso i vincoli di proiettare il passato nel futuro piuttosto che cercare di definire una destinazione in anticipo. Questi futuri "aperti" sono immaginari come qualsiasi altro. La differenza è che ciò che viene immaginato non è definito in termini di una meta o di un obiettivo strumentale "più tardi di adesso".

Allentare l'imperativo che il futuro sia usato per fissare obiettivi intertemporali non significa che il futuro non sia utile. Al contrario, estendere la teleologia dell'uso del futuro oltre la pianificazione per influenzare il domani apre prospettive particolari, altrimenti inaccessibili, sul presente. Qui, l'interesse nel descrivere futuri immaginari non è "per il futuro" ma "per il presente". Si tratta di "anticipazione per l'emergere" (AfE) in opposizione a "anticipazione per il futuro" (AfF). Sia AfF che AfE fanno uso dell'immaginazione umana per portare il futuro inesistente nel presente. Nel caso dell'AfF, l'obiettivo di usare il futuro è quello di influenzare il futuro in un modo o nell'altro. Tuttavia, nel caso dell'anticipazione per l'emergere (o emersione) (AfE), lo scopo di immaginare il futuro è quello di scoprire e inventare elementi del presente che non possono essere normalmente percepiti o avere senso se solo il futuro "unico" è l'obiettivo. AfE usa il futuro per rivelare fenomeni emergenti altrimenti invisibili, precedentemente irriconoscibili e tipicamente innominabili: Aspetti del mondo che esprimono la sua complessità creativa e non appartengono ancora ai futuri estrapolati o precedentemente desiderati o temuti.[2]

1 Estratto modificato basato su: Riel Miller, Wolfgang Michalski and Berrie Stevens: 21st Century Technologies: Promises and Perils of a Dynamic Future, OECD Paris 1998, pp. 7-32, https://www.oecd-ilibrary.org/economics/21st-century-technologies_9789264163539-en.

2 Estratto modificato basato su: Riel Miller: Futures Literacy, Media Literacy and the Capability Based Approach to Freedom. In: Academy of Fine Arts, Slawomir Ratajski (ed.): Media Education as a Challenge, Warsaw, January 2021, S. 47-58, https://www.researchgate.net/publication/348518767_Futures_Literacy_Media_Literacy_and_the_Capability_Based_Approach_to_Freedom.

CAPITOLO 12

Vivere e lavorare in Alto Adige 4.0

Ingrid Kofler

Libera Università di Bolzano

La società e soprattutto il mondo del lavoro stanno affrontando grandi sfide a causa dei cambiamenti tecnologici – anche e soprattutto in Alto Adige. La digitalizzazione in particolare sarà uno dei più grandi motori del cambiamento futuro e avrà enormi effetti sociali, culturali e politici. Le innovazioni tecnologiche come i big data, la stampa 3D, l'intelligenza artificiale e la robotica hanno già iniziato ad avere un impatto significativo su quasi ogni aspetto del nostro mondo del lavoro. Le nuove tecnologie possono portare grandi benefici alla società altoatesina, come l'aumento della capacità produttiva o la facilitazione di lavori fisicamente impegnativi o pericolosi. Tuttavia, portano anche sfide politiche e, non da ultimo, etiche, come la questione della protezione dei dati per l'uso dei dati raccolti o le domande sul crescente consumo di energia dovuto alle tecnologie digitali.

Altri aspetti importanti sono la prevedibilità relativamente difficile e il dibattito sociale discordante che circonda il progresso tecnologico. Da un lato, è vero che lo sviluppo tecnologico sosterrà la crescita economica; dall'altro, comporta il rischio di aumentare la disuguaglianza economica e la dipendenza.

Negli ultimi anni l'Alto Adige ha recuperato molto nel settore tecnologico, per esempio attraverso il parco tecnologico NOI o il centro automobilistico di Brunico. Tuttavia, siamo ancora in ritardo rispetto alle regioni vicine in termini di strategia politica quando consideriamo la tecnologia del futuro come un fattore quotidiano del vivere e lavorare in Alto Adige 4.0. Ad esempio, gli investimenti in ricerca e sviluppo (R&S) nella provincia di Bolzano hanno rappresentato solo lo 0,75 % del PIL nel 2019, rispetto all'1,58 % del Trentino e al 2,82 % del Tirolo del Nord[1]. Tuttavia, l'Alto Adige può contare anche sull'eccellenza nel settore automobilistico. Per esempio, sappiamo che un'automobile su tre in tutto il mondo contiene componenti che sono stati (co)prodotti in Alto Adige[2]. Le grandi aziende tecnologicamente centrate come la GKN sono già industrie molto innovative in Alto Adige. Tuttavia, le molte piccole e microimprese in Alto Adige continueranno a lottare con la necessità di digitalizzazione senza un migliore supporto. Quasi il 93 % delle aziende in Alto Adige ha meno di dieci dipendenti[3]. Si trovano di fronte a grandi sfide in termini di costi e sforzi per digitalizzare il loro lavoro quotidiano.

Secondo McKinsey, il cambiamento tecnologico nelle aziende dipende da cinque fattori: fattibilità tecnica, costi di implementazione, cambiamenti nel mercato del lavoro, benefici economici e accettazione legale e sociale. I settori tradizionali come l'artigianato altoatesino dovranno cambiare molto o adattarsi al cambiamento. Inoltre, molte aziende avranno bisogno del sostegno del paese per sopravvivere[4].

In sintesi, la digitalizzazione e la tecnologia non riguardano solo il futuro dell'economia altoatesina, ma l'intera società del paese. Per esempio, la vita quotidiana senza internet non è più immaginabile per la maggior parte delle persone: circa il 75 % della popolazione in Europa usa internet ogni giorno o quasi[5], e questo è anche il caso dell'Alto Adige. La pandemia di Covid-19 ha dimostrato quanto sia importante avere una connessione internet stabile: non solo per lavorare, ma anche per l'educazione e il mantenimento delle reti sociali. Se nel 2015 solo il 79 % delle famiglie nell'UE aveva accesso alla banda larga, in Alto Adige nel 2020 sarà il 90 %. Anche qui, però, bisogna vedere il rovescio della medaglia: Internet permette di inviare informazioni in tutto il mondo in pochissimo tempo, ma allo stesso tempo permette anche di diffondere disinformazione, che a sua volta contribuisce alla polarizzazione della società come, per esempio, nell'attuale dibattito sulle vaccinazioni. La pandemia Covid-19 ha accelerato molti processi di sviluppo tecnologico, e allo stesso modo, le disuguaglianze sono diventate ancora più pronunciate. Uno studio rappresentativo mostra come, per esempio, quelli con un livello di istruzione più alto erano più propensi a lavorare in un ufficio a domicilio rispetto alle altre persone – e quindi avevano meno perdite di reddito a causa della pandemia di Covid-19[6]. Allo stesso modo, le donne erano più propense degli uomini a sperimentare carichi di lavoro multipli, specialmente in termini di bilanciamento della famiglia (spesso associato all'istruzione domestica) e del lavoro (nell'ufficio a casa).

Per ottenere una prospettiva "dall'esterno", ha senso nei prossimi anni confrontare ancora meglio e in modo permanente l'Alto Adige con altre regioni. Il cosiddetto benchmarking regionale permette di confrontare alcuni indicatori specifici dell'Alto Adige con altre regioni simili. L'indice di competitività regionale (RCI), che misura la capacità di una regione di offrire un ambiente attraente e sostenibile per le imprese e i residenti per vivere e lavorare con oltre 70 indicatori, è adatto a questo scopo[7]. L'indice permette di vedere dove si trova una regione in termini di governance, infrastrutture (comprese le reti digitali), salute, capitale umano, mercato del lavoro e innovazione. L'Alto Adige si trova al 176° posto su 268. L'indice è suddiviso in tre dimensioni, e l'Alto Adige è sottoperformante soprattutto nella dimensione "innovazione" rispetto alla media UE.

D'altra parte, l'indice di progresso sociale europeo (EU-SPI) fornisce una misura del progresso sociale, dello sviluppo sociale e della qualità della vita di una regione[8]. L'indice permette di vedere dove si trova una regione nelle singole dimensioni dell'indice. L'Alto Adige si colloca al 147° posto su 240. Il nostro territorio ottiene un punteggio migliore della media UE nella dimensione "bisogni umani fondamentali" (condizioni necessarie per lo sviluppo sociale), inferiore alla media nella dimensione "basi del benessere" (fattori di progresso sociale e ambientale) e inferiore alla media nell'ultima dimensione "opportunità" (aspetti di una società coesa e tollerante). Anche se un semplice confronto con altre regioni non è sufficiente per comprendere il complesso fenomeno degli sviluppi futuri, un'analisi dei valori fornisce spunti utili per vedere dove si trova l'Alto Adige. La tecnologia e l'innovazione tecnologica sono marcatori sempre più importanti in questo senso.

1 https://ec.europa.eu/eurostat/databrowser/view/tgs00042/default/table?lang=de.

2 https://noi.bz.it/de/magazine/grundsteinlegung-noi-techpark-bruneck-automotive.

3 https://www.provinz.bz.it/arbeit-wirtschaft/wirtschaft/news.asp?news_action=4&news_article_id=600270.

4 https://www.mckinsey.com/featured-insights/digital-disruption/harnessing-automation-for-a-future-that-works/de-DE.

5 https://de.statista.com/themen/3118/internetnutzung-in-europa/#dossierKeyfigures.

6 https://www.eurac.edu/de/institutes-centers/center-for-advanced-studies/projects/family-and-covid.

7 https://ec.europa.eu/regional_policy/en/information/maps/regional_competitiveness/#3.

8 https://ec.europa.eu/regional_policy/en/information/maps/social_progress2020/#3.

Sommario: Visione tecnologica 2030. Le tecnologie del futuro nel quadro delle due strategie guida dell'Alto Adige: la Strategia di ricerca e innovazione per la specializzazione intelligente RIS3 e la Strategia per la sostenibilità

Roland Benedikter

Eurac Research Bolzano, Centro di Studi Avanzati e Cattedra UNESCO per l'anticipazione interdisciplinare e la trasformazione globale-locale, Circolo per il Futuro del Ministero Federale Tedesco dell'Istruzione e della Ricerca (BMBF) per il Governo Federale Tedesco 2019-2023

Nelle pagine precedenti, esperti, specialisti e professionisti hanno presentato gli sviluppi delle tecnologie future e dei loro ecosistemi – esistenti o emergenti – in Alto Adige. Ciò costituisce una base informativa e di orientamento per una visione tecnologica territoriale e per l'ulteriore sviluppo di strategie politiche per lo sviluppo tecnologico integrato.

La Strategia di ricerca e innovazione dell'Alto Adige per la specializzazione intelligente RIS3 contiene già approcci molto avanzati in tal senso. Numerosi aspetti sono già stati implementati, sono pianificati o sono in fase di sviluppo. Anche la seconda grande strategia di sviluppo provinciale dell'Alto Adige, la Strategia per la sostenibilità adottata nel 2019 e attiva dal 2021, si concentra in molti aspetti sulle tecnologie del futuro, comprese le tecnologie rinnovabili e verdi, che – sempre più nei prossimi anni – possono contribuire alla realizzazione dei 17 Obiettivi di Sviluppo Sostenibile dell'Agenda 2030 delle Nazioni Unite[1].

Le condizioni per uno sviluppo tecnologico all'avanguardia sono quindi favorevoli per l'Alto Adige. Con l'istituzione del Parco Tecnologico NOI di Bolzano e Brunico, che si è rapidamente trasformato in un centro regionale e sovraregionale di integrazione, eccellenza e visione, l'Alto Adige dispone di un adeguato ancoraggio istituzionale, che collabora con le iniziative provinciali per l'innovazione e il settore privato. La provincia ha così creato un ambiente fertile che funge sia da attrattore che da amplificatore e fonte permanente di ispirazione.

La base socio-politica

Ciò che può essere ancora sviluppato meglio, tuttavia, è l'integrazione dei vari approcci e delle singole tecnologie altamente specializzate, nonché dei loro diversi ecosistemi, in una visione olistica, coordinata dalla società civile. Un organo di riflessione libero e allo stesso tempo istituzionalmente ben integrato sulla tecnologia del futuro si occuperebbe essenzialmente di etica, perché prepara e accompagna i giudizi individuali e sociali. Non si tratta di un consiglio di etica – né di una concorrente dei consigli e delle istituzioni di etica già esistenti –, ma di un'istituzione comparativa a livello internazionale. La sua collocazione sarebbe come servizio diretto e centro di informazione. Oltre alle iniziative già avviate, un centro di riflessione di questo tipo potrebbe essere un punto di partenza esteso per la definizione di politiche integrative. Infine, ma non meno importante, la riflessione critica anticipata può creare fiducia tra la popolazione. Crea, inoltre, un maggiore senso di consapevolezza della comunità. In un certo senso, un processo di riflessione sulla tecnologia futura e sull'implementazione è esso stesso un'etica applicata, se si dimostra tale nel dialogo tra esperti e cittadini.

Auto-riflessione critica dell'UE: "opportunità non sfruttate"

Un discorso etico pubblico ora è necessario anche perche, secondo l'UE, l'integrazione delle nuove tecnologie sarà decisiva per il futuro di regioni europee e i cittadini dovrebbero avere voce in capitolo. L'UE sta quindi incoraggiando attivamente le sue regioni ad affrontare la questione da una prospettiva socio-etica, che a sua volta richiede un pensiero socio-ecologico. Lo afferma il rapporto UE 2021 della Commissione Europea e della Banca Europea per gli investimenti intitolato "Intelligenza artificiale, *Blockchain* e il futuro dell'Europa: Come le tecnologie dirompenti creano opportunità per un'economia verde e digitale":

> "L'intelligenza artificiale e le tecnologie *Blockchain* hanno il potenziale per rivoluzionare il modo in cui lavoriamo, viaggiamo, ci rilassiamo e organizziamo la nostra società e la nostra vita quotidiana. Stanno già migliorando il nostro mondo: l'intelligenza artificiale è stata determinante per accelerare

lo sviluppo e la produzione dei vaccini Covid-19, mentre la *Blockchain* ha il potenziale per aiutarci a monitorare, registrare e segnalare meglio le emissioni di gas serra, snellire i trasporti commerciali e realizzare una privacy dei dati. L'ulteriore sviluppo di entrambe le tecnologie: intelligenza artificiale e *Blockchain* – guidato da principi etici e sostenibili – apre l'opportunità di creare nuovi percorsi per la nostra crescita in Europa e di guidare soluzioni tecnologiche che rendono le nostre società davvero più digitali e più verdi e, in ultima analisi, mantengono il pianeta abitabile."[2]

Tuttavia, il rapporto dell'UE avverte anche che per farlo l'Europa deve "colmare un divario di investimenti fino a 10 miliardi di euro che ostacola lo sviluppo e la diffusione delle tecnologie IA e *Blockchain* nell'UE".[3]

L'intelligenza artificiale e la *Blockchain* in particolare – insieme ad altre tecnologie future come i computer quantistici e biologici e la robotica applicata, che si fonderanno tra loro nel tempo – offriranno nei prossimi anni non solo all'industria, ma anche alle piccole e medie imprese (PMI) e al commercio una moltitudine di opportunità non ancora sfruttate. Ad esempio, l'Enea, l'Istituto Nazionale di Ricerca per le Nuove Tecnologie nel Settore dell'Energia, già nel giugno 2021 aveva sottolineato che la tecnologia *Blockchain* renderà possibile una varietà di innovazioni, per esempio:

> "Creare una piattaforma in grado di registrare in tempo reale i consumi di tutti gli smart meter per la gestione delle comunità energetiche. Da qui, possiamo intervenire con gli utenti per premiarli se cercano di ridurre i loro consumi in momenti specifici. Le misurazioni possono rilevare gli squilibri della rete in tempo reale e istruire gli utenti a modificare le loro abitudini di consumo. La certificazione decentralizzata della *Blockchain* è possibile anche per l'immissione in rete di energia da fonti rinnovabili".[4]

Le nuove tecnologie, se implementate e utilizzate in modo partecipativo ed efficiente, portano dunque benefici immediati – nella logistica del consumo di risorse, nel controllo dei processi in tempo reale, nell'autonomia e nell'autocontrollo e nella gestione dei progetti. Sono tutti parametri importanti. Tuttavia, quando si tratta di investire nel futuro della tecnologia, molte regioni dell'UE si stanno modellando sulla Germania e sulla Francia piuttosto che sull'Italia, se si guardano solo le cifre. Nel periodo 2010-2019, la Germania ha investito 1.963 miliardi di euro in tecnologie IA e *Blockchain*, mentre la Francia ha investito 1.269 miliardi di euro. Insieme, hanno rappresentato il 70 % degli investimenti totali dell'UE. Il restante 30 % è stato distribuito tra gli altri Paesi dell'UE, con il Belgio (238 miliardi), la Svezia (195) e l'Irlanda (182) che si sono distinti, mentre l'Austria (87) e l'Italia (38) sono in coda. L'insufficienza degli investimenti italiani nelle tecnologie di base del futuro si ripercuoterà anche sull'Alto Adige nel medio e lungo periodo. Il quadro dovrebbe diventare più equilibrato nei prossimi anni. L'Alto Adige può fare da apripista negli investimenti nelle tecnologie del futuro: con il Parco Tecnologico NOI e l'Assessorato provinciale all'Innovazione e alla Ricerca, nonché con partenariati pubblico-privati in collaborazione con diverse reti private, ha creato strumenti di eccellenza che stanno definendo gli standard regionali.

12 punti per il futuro tecnologico dell'Alto Adige

Quali opportunità, allora, abbiamo per il resto del decennio – e oltre?

Entro il 2030, il futuro della tecnologia in Alto Adige, come in altre regioni dell'UE, potrebbe essere incentrato essenzialmente su *dodici* punti. Questo elenco è aperto e può – e forse deve – essere integrato con ulteriori punti nel corso del tempo.

1. Politiche predittive

Oggi il "predictive policy-making" sta diventando sempre più importante in tutti i settori. Si tratta del "tentativo di costruire strumenti di previsione per la progettazione che siano fortemente supportati dai dati"[5]. La digitalizzazione aiuta i responsabili politici a comprendere e prevedere gli sviluppi sociali sia nei contesti locali e regionali che in quelli "glocali" sulla base di un numero maggiore e migliore di dati, e quindi a definire ed implementare le politiche in modo più efficiente.

A tal fine, i responsabili politici provinciali possono attingere alle banche dati in rapido sviluppo delle organizzazioni scientifiche altoatesine come l'Eurac, l'università e altre istituzioni, società di consulenza e iniziative private. Per usarli al meglio, povrebbero ancora essere sviluppati formati di trasferimento più precisi nella previsione di politiche concrete. Questi formati potrebbero basarsi maggiormente sull'intelligenza artificiale e sull'integrazione e comunicazione elettronica. Esempi come quello del professore berlinese Stephan Breidenbach dimostrano che i processi legislativi e le bozze di testi giuridicamente efficaci possono ora utilizzare l'intelligenza artificiale per integrare un'intera gamma di dati scientifici per la previsione e la sostenibilità nelle normative sociali. Le leggi, in vigore o in fase di elaborazione, possono anche essere collegate in tempo reale ai dati ambientali dell'area di riferimento e quindi rese più precise durante e dopo la loro stesura. Inoltre, se questi sono accessibili a tutti i politici in tempo reale, ad esempio tramite un'applicazione per computer o per cellulare, e possono essere applicati a questioni pratiche grazie a funzioni simili a quelle dei chatbot. In questo caso, l'IA diventa uno strumento politico diretto – perché le soluzioni politiche sono continuamente integrate con le produzioni di dati esistenti. Breidenbach, uno dei numerosi pionieri del *legal tech* in ambito socio-politico, ha sviluppato la piattaforma "Logos"[6]. Essa offre la completa automazione dei processi legali senza codice e mediante processi di visualizzazione supportati dall'IA. L'uso dell'IA in ambito giuridico e legislativo promette, da un lato, politiche più efficienti e meglio informate e, dall'altro, opportunità per una più ampia collaborazione tra la società civile e la politica nello sviluppo di proposte e il loro adattamento all'ambiente. Quest'ultimo obiettivo può essere raggiunto, ad esempio, attraverso "hackathon" – incontri congiunti per trovare soluzioni a problemi specifici via Internet. Importanti istituzioni lo stanno già praticando nel campo del diritto tributario, come ad esempio il Centro per la digitalizzazione del diritto tributario della Università di Monaco[7]. Secondo Breidenbach,

> "il legal tech è il futuro digitale del settore legale. Offre l'opportunità di rendere la legge accessibile a tutti, ma gli algoritmi sostituiranno in parte anche i profani. Il potenziale di questo cambiamento permette accesso al diritto per tutti e maggiore equilibrio sul campo di battaglia legale'"[8].

2. Espansione degli strumenti applicati di partecipazione

Come secondo aspetto di una politica lungimirante, è possibile ampliare gli approcci dell'anticipazione del rischio. Ciò è anche indirettamente legato al mantenimento di una percezione pubblica positiva degli sviluppi tecnologici. Come sottolinea, ad esempio, la Fraunhofer Gesellschaft, ci sono effettivamente

> "rischi [delle nuove] tecnologie che risiedono nella possibile perdita di controllo sui processi e sui risultati. La solidità a lungo termine rischia di andare perduta. Una mancanza di standardizzazione – troppo precoce, troppo tardiva o troppo forte – mette a rischio la stabilità dei processi delle soluzioni tecniche e il potenziale di innovazione esistente. La possibile mancanza di

controllabilità e la relativa perdita di controllo sono i maggiori timori popolari in relazione all'intelligenza artificiale e, di conseguenza, ai sistemi tecnologici autonomi in generale. L'accettazione sociale dipende dalla protezione dei dati personali e dalla trasparenza dei processi".

In questo contesto, il mantenimento di standard di comunicazione comune è particolarmente importante per affrontare i rischi in ambito socio-psicologico, soprattutto in tempi di (già citato) decentramento tecnologico:

> "Un rischio associato ai sistemi autonomi decentralizzati nella creazione di valore è la mancanza di standard di comunicazione comune, che impedisce ai sistemi di lavorare insieme in modo efficace. Ciò influisce anche sulla collaborazione interdisciplinare. La standardizzazione e la regolamentazione devono essere menzionate come strumento di controllo. Gli standard di comunicazione generalmente applicabili in relazione ai sistemi decentralizzati, autonomi e auto-ottimizzanti devono essere definiti come base affidabile per lo sviluppo". [9]

3. Dialogo sociale

Per l'Alto Adige dei prossimi anni, "un dialogo con la società nel suo complesso ha senso per la progettazione di nuove tecnologie: trasparenza, accesso alle informazioni e discussioni aperte dovrebbero accompagnare la trasformazione"[10]. Siegfried Russwurm dell'Università di Erlangen-Norimberga ha suggerito già nel 2019 che questo potrebbe addirittura essere più efficace per i territori più piccoli e gestibili come l'Alto Adige che per le aree più grandi:

> "Ci [dovrebbe essere] un dibattito pubblico per determinare la direzione in cui vogliamo svilupparci come società. Quale livello di autonomia dovrebbero avere le macchine? Quanto controllo dovrebbe mantenere l'uomo? Questo dibattito dovrebbe essere decisamente impostato congiuntamente da scienziati della tecnologia, che desiderano integrare gli aspetti etici, e da scienziati sociali, che si sforzano di comprendere la tecnologia".[11]

Tuttavia, la politica è importante quanto gli "scienziati tecnologici" e gli "scienziati sociali". Anche essa è una forza d'influenza decisiva per una strategia tecnologica equilibrata. Come gli altri partecipanti al dialogo, i politici devono ampliare le loro competenze digitali nel maggior numero possibile di settori.

Le relative discussioni possono svolgersi in modo equilibrato tra centri e periferie, come parte del dialogo per la società nel suo complesso. Possono aiutare a correggere stereotipi e cliché radicati di stili di vita e concezioni di sé in un mondo in rapida evoluzione[12].

Un secondo elemento importante nel dialogo sociale è approfondire la discussione su ciò che è alla base della sostenibilità, ossia la natura stessa. A tal fine, è opportuno chiedersi "di quale natura ci occupiamo?"[13] Ciò include il concetto stesso di natura, sul quale dovrebbe formarsi un minimo di consenso comune, soprattutto quando si parla di possibili "diritti della natura" in futuro. Il dibattito sul concetto di natura e sugli eventuali diritti ad essa associati, monitorati anche attraverso le nuove tecnologie (sensori, droni automatizzati, IA), può rafforzare la Strategia di sostenibilità dell'Alto Adige.

4. Coordinamento con le strategie guida del territorio

Il futuro della tecnologia può e deve svolgersi in accordo con le due grandi strategie guida dell'Alto Adige che guardano al futuro:

- la Strategia di sostenibilità[14];
- la strategia RIS3[15] – cioè, la Strategia di ricerca e innovazione per la specializzazione intelligente nel quadro dell'orientamento reciproco tra le regioni dell'Unione Europea.

Il futuro della tecnologia può, come in precedenza, confluire in entrambi come componente individuale e creare interrelazioni sistemiche produttive in coordinamento con essi. Tecnologia, specializzazione regionale intelligente e sostenibilità possono rafforzarsi a vicenda nel loro orientamento, sia nel complesso che nei dettagli, e ispirare un progresso comune. La politica altoatesina l'ha riconosciuto da tempo e ha impostato la rotta giusta.

La Strategia di sostenibilità è un progetto inter- e transdisciplinare per lo sviluppo territoriale[16]. Si basa sugli obiettivi di sostenibilità delle Nazioni Unite, in particolare sui 17 Obiettivi di Sviluppo Sostenibile (SDGs) del 2015. Con delibera della Giunta provinciale nel marzo 2019, il documento strategico ufficiale è stato pubblicato nel luglio 2021[17]. La tecnologia svolge un ruolo importante nei settori "Città e Insediamenti sostenibili" e "Servizi di alta qualità". Tra i "progetti selezionati" per il 2020-2023, i settori "smart working" e "tecnologia sperimentale dell'idrogeno" sono particolarmente degni di nota come fattori di sostenibilità.[18] È stata inoltre fondata l'"Alleanza della ricerca e dell'insegnamento per la sostenibilità in Alto Adige"[19], che si propone come un'alleanza scientifica all'insegna del motto "Uscire dai silos!"

La strategia RIS3 dell'Alto Adige invece è stata presentata nell'ottobre 2021 come un ulteriore tassello, qui con una componente tecnologica ancora più forte e articolata: la *RIS3 Research and Innovation Smart Specialisation Strategy*[20]. Si tratta di una "specializzazione intelligente per una politica dell'innovazione efficace"[21]. In vista della presentazione ufficiale, il programma è stato spiegato come segue:

> "Uno dei temi chiave della strategia futura dell'Alto Adige è l'ulteriore sviluppo della specializzazione intelligente. La cosiddetta "Strategia di specializzazione intelligente per la ricerca e l'innovazione" (RIS3) fa parte della strategia pluriennale per l'innovazione e la ricerca della Provincia dell'Alto Adige. Essa mira a sviluppare visioni del futuro orientate all'eccellenza, in collaborazione con tutti i livelli e in particolare con l'economia locale, nonché sulla base di punti di forza e risorse uniche. Per essere idonea al prossimo periodo di programmazione europea 2021-2027 dell'UE, la Provincia vuole rafforzare i sistemi locali di ricerca e innovazione nei settori strategici, promuovere lo scambio di conoscenze tra gli istituti di ricerca e l'economia e, se possibile, consentire che i benefici dell'innovazione vadano a vantaggio dell'intera economia regionale. Questo sviluppo della specializzazione intelligente in Alto Adige è sostenuto dall'UE."[22]

In oltre un anno di discussioni, workshop ed eventi, sono stati avanzati i seguenti temi tecnologici primari per la strategia RIS3 2021 della Provincia: automazione, smart processing, nutrizione agroalimentare, ricerca medica, qualità della vita, tecnologia montagna-uomo, sistemi energetici intelligenti, edilizia efficiente dal punto di vista energetico e sostenibile, economia circolare, *Smart City* e *Smart Periphery*. Eurac Research di Bolzano ha elaborato 10 temi di discussione, incentrati su: qualità della vita, medicina, energia ed edifici. L'intelligenza artificiale e le nanotecnologie hanno un ruolo centrale in diversi punti del programma della strategia RIS3 già a partire dal 2021. La *Blockchain*, invece, è ancora agli inizi. Il principio di utilizzare la *Blockchain* per creare un "registro" di memoria dati sicuro e decentralizzato che possa essere gestito dalla società civile e che possa garantire la legittimità, la verifica e la sicurezza "orizzontale" dei dati può rivelarsi un passo avanti nei prossimi anni nell'ambito della RIS3 – per l'amministrazione e per quanto riguarda la coerenza sociale e l'emancipazione decentralizzata dei cittadini.

Partendo da queste basi, lo sviluppo di una strategia di specializzazione per l'innovazione tecnologica da parte del Parco Tecnologico NOI in collaborazione con la Giunta provinciale dell'Alto Adige è stato di particolare importanza, anzi altamente innovativo, e una pietra miliare nel consolidamento delle strategie provinciali esistenti nel campo delle tecnologie. La rispettiva strategia di specializzazione è stata presentata nel marzo 2023[23]. I suoi punti chiave includono

> "dodici aree di specializzazione in cui l'Alto Adige ha già oggi successo e competenze di ricerca: in un processo partecipativo con aziende, istituti di ricerca e stakeholder, il NOI Techpark ha sviluppato la strategia di specializzazione. Questa definisce tre aree di specializzazione all'interno di ciascuno dei quattro settori tecnologici 1. *Green*, 2. *Food and Health*, 3. *Digital* e 4. *Settore automobilistico/automazione*, su cui gli attori del NOI Techpark si concentreranno in futuro attraverso: finanziamenti, progetti di ricerca e sviluppo mirati e consulenza specializzata. Nel settore tecnologico 1. *Green*, NOI si concentrerà soprattutto sui sistemi energetici, sugli edifici e i quartieri urbani sostenibili e sulle tecnologie idriche. Nel campo 2. *Food and Health*, i temi trainanti sono le materie prime e i sottoprodotti, la lavorazione ottimizzata e la fermentazione, nonché le varie scienze biologiche molecolari e la precision health [medicina di precisione, in cui la tecnologia viene utilizzata per migliorare la personalizzazione del trattamento]. L'alimentazione e la salute sono due settori strettamente interconnessi e saranno sempre più considerati e promossi insieme, anche con la creazione dell'Istituto di Biomedicina dell'Eurac Research e del Dipartimento Innovazione, Ricerca e Didattica delle Operazioni Mediche. Il 3° settore *Digital* ha come pilastri principali l'Internet of Things (IoT), l'Open Data Hub [piattaforma di dati aperti] e l'Intelligenza Artificiale (IA). Le aree di specializzazione del settore 4 Settore automobilistico/automazione sono *Automotive and Mobility*, *Manufacturing* e *Agri-Automation* [automazione nel settore agricolo]"[24].

Come ha spiegato il direttore di NOI Ulrich Stofner in occasione della presentazione della strategia di specializzazione,

> "un gran numero di aziende e start-up locali, l'Associazione degli imprenditori, lvh.apa, hds, l'Associazione degli agricoltori altoatesini, e la Rete Economia sono stati coinvolti attivamente nel processo di sviluppo della strategia di specializzazione. Inoltre, hanno partecipato la Libera Università di Bolzano, Eurac Research, il Centro di Ricerca Laimburg e Fraunhofer Italia, nonché l'agenzia KlimaHaus, STA [Südtiroler Transportstrukturen AG] e altre importanti istituzioni e partner. Insieme, nei prossimi anni la ricerca e lo sviluppo

si concentreranno sulle aree di specializzazione definite, al fine di rimanere rilevanti e competitivi a livello internazionale in questi settori."[25]

Non c'è dubbio che questa strategia abbia posto le basi per uno sviluppo regionale produttivo e mirato nel settore tecnologico. Anche la progettazione del processo partecipativo è stata un segnale importante e un passo verso la democratizzazione dello sviluppo tecnologico, anche se il dialogo con i cittadini in senso lato può sempre essere migliorato. La sfida di creare una visione allargata e un ambiente generativo intorno al settore tecnologico rimane siccome per sua stessa natura è un compito in corso.

5. Rafforzare l'intersezione tra tecnologia e sostenibilità: progetto intelligenza artificiale per il pianeta

È proprio in questo contesto che si dimostra la natura particolarmente dinamica e "dirompente" del settore, in cui molto, se non "tutto" può accadere in qualsiasi momento e le cose si sviluppano con estrema rapidità. Pertanto oggi le strategie nel settore tecnologico possono essere concepite solo a medio termine, perché possono anticipare solo in parte i cambiamenti a lungo termine dell'ambiente, nonché le dinamiche tecnologiche interne. Per questo motivo l'internazionalizzazione rimane di importanza cruciale. L'internazionalizzazione selettiva è essenziale e viene svolta in modo eccellente dalle aziende e dai privati stessi. L'internazionalizzazione olistica deve essere portata avanti da agenzie statali e istituzioni scientifiche che hanno un ruolo di coordinamento e un mandato istituzionale per farlo.

L'Alto Adige avrà molte opportunità per espandere la sua strategia tecnologica nel campo internazionale nei prossimi anni. Tra gli esempi concreti vi sono gli approcci dell'organizzazione mondiale per l'educazione, la scienza e la cultura UNESCO di utilizzare nuove tecnologie come l'intelligenza artificiale per affrontare la crisi climatica. Sono iniziative che mirano alla combinazione di strategie di sostenibilità con specializzazioni tecnologiche. L'Alto Adige può contribuirvi e esserne quindi coinvolto attivamente.

Una delle più importanti iniziative globali in materia di tecnologia ambientale è l'iniziativa globale dell'UNESCO e dell'UNDP "Intelligenza artificiale per il pianeta" (AI for the Planet), lanciata nel 2022[26]. Dal suo lancio nel maggio 2022, l'iniziativa sta guadagnando slancio a livello internazionale[27]. L'alleanza che ne è alla base – che comprende aziende private e piattaforme di azione per le tecnologie del futuro come la *Coalition for Digital Environmental Sustainability (CODES)*[28], la *Climate Change AI (CCAI)*[29] e la *Global Partnership on AI (GPAI)*[30] – sta cercando di rendere disponibile l'intelligenza artificiale sia per monitorare lo sviluppo del sistema Terra nel suo complesso in tempo reale, sia per rendere misurabili le emissioni dettagliate e i processi di assegnazione delle responsabilità ambientali. A due pochi anni dal lancio ufficiale, decine di partner sono stati coinvolti nell'alleanza[31]. Il primo rapporto: "Come l'intelligenza artificiale può essere un potente strumento contro il cambiamento climatico" è stato pubblicato nel luglio 2022[32]. La *Global Partnership on AI (GPAI)* che è una delle forze motrici dell'iniziativa è un'alleanza di 28 nazioni e dell'Unione Europea, a cui partecipa anche l'Italia. Il GPAI ha sede presso l'OCSE a Parigi. Il progetto globale "AI for the Planet" si sposa molto bene con il binomio tecnologie del futuro e sostenibilità che sta al centro della strategia tecnologica dell'Alto Adige.

6. Partecipazione a progetti come "Second Earth" e "New Planet"

L'Alto Adige potrebbe trarre vantaggio nel medio termine da un coinvolgimento politico, scientifico, amministrativo e diplomatico in questi e in altri nuovi programmi all'intersezione tra tecnologia del futuro, sostenibilità e resilienza. Un "pianeta sostenibile" ha un aspetto diverso nell'era digitale rispetto al passato – sia nello stato ideale che nel percorso, tecnologicamente supportato, per raggiungerlo[33].

In particolare, potrebbe essere sensata la partecipazione al progetto *Second Earth*[34] (Terra 2). Il progetto prevede l'utilizzo dell'intelligenza artificiale, in collaborazione con i più potenti supercomputer e le nuove reti di connessione nelle reti globali, per creare un "gemello digitale" della Terra, nel senso di una simulazione olistica in tempo reale e in condizioni reali. Il gemello digitale ha lo scopo di raffigurare una seconda terra artificiale nel modo più realistico possibile attraverso una proiezione olografica, o comunque in un modo che possa essere visualizzato dai sensi, e di rappresentare il suo sviluppo in tempo reale[35]. La particolarità è che l'insieme dinamico può essere tracciato in modo concreto. L'obiettivo è renderlo disponibile per servizi ambientali di ogni tipo[36]. Una presentazione adeguatamente pubblicizzata potrebbe anche costituire un'attrazione speciale per il Parco Tecnologico NOI, attirando visitatori.

Sia per quanto riguarda il "nuovo pianeta" della sostenibilità, sia per quanto riguarda la "Seconda Terra", la cooperazione con le organizzazioni internazionali può contribuire a due cose: da un lato, a dare impulso all'innovazione nell'adattamento di tecnologie all'avanguardia e, dall'altro, a progredire nell'agenda della resilienza, che sta diventando sempre più importante aiuto alla sostenibilità. L'integrazione pratica di sostenibilità e resilienza, di cui non solo l'Alto Adige ma tutti i Paesi avranno bisogno nei prossimi anni, sarebbe possibile anche grazie alla partecipazione mirata a programmi tecnologici internazionali sul pianeta[37]. Per la cooperazione con istituzioni globali come l'UNESCO, le Nazioni Unite e l'OCSE, la Cattedra UNESCO del Centro di Ricerca Eurac per gli Studi Avanzati, che esiste dal luglio 2022, può fungere da mediatore, hub e facilitatore[38] – anche in collaborazione con l'UNESCO Città Creativa di Bolzano[39].

7. Rafforzamento delle competenze: Futures Literacy (FL) ed educazione al futuro

Quello che sarà utile nei prossimi anni sarà un concetto complessivo di educazione al futuro per i decisori politici e la popolazione dell'Alto Adige. Al centro potrebbe esserci l'*UNESCO Futures Literacy*[40] come nodo di collegamento e approccio catalizzatore. In Alto Adige, l'educazione al futuro si colloca presso la Cattedra UNESCO di Eurac Research a Bolzano, come fa parte del Centro di Studi Avanzati.[41]

Futures Literacy significa letteralmente "alfabetizzazione al futuro". Si tratta di una capacità pratica di sviluppare approccio auto-riflessivo al futuro. L'alfabetizzazione al futuro è stata sviluppata dall'UNESCO negli ultimi due decenni[42]. Oggi questo approccio è considerato uno dei modelli più promettenti per pensare il futuro, educarsi al futuro e affrontare il futuro in modo mirato. Come dice Riel Miller, il padre della moderna *Futures Education*: "Dobbiamo usare il futuro per il presente"[43]. La *Futures Literacy* può servire come punto di connessione e piattaforma di discussione per varie tecnologie. Si tratta di un approccio per anticipare le opzioni tecno-sociali emergenti a livello di società per un futuro sostenibile – con un'attenzione particolare al settore delle tecnologie del futuro[44].

L'alfabetizzazione al futuro non è ancora stata inserita come tema o programma a sé stante nella strategia RIS3 dell'Alto Adige. Tuttavia, la politica potrebbe sviluppare ulteriormente la sua partecipazione che potrebbe diventare una componente fissa dell'orientamento. Paesi come la Finlandia, l'Irlanda, gli Emirati Arabi Uniti, la Colombia e la regione francese di Nevers hanno già istituito comitati sul futuro basati sull'alfabetizzazione al futuro[45]. Il Cile ha persino annunciato l'intenzione di includere questo approccio nella sua costituzione.

L'Alto Adige potrebbe seguire questo esempio secondo le proprie esigenze. Un approccio basato sull'alfabetizzazione al futuro potrebbe prendere piede anche nel NOI Techpark.

8. Rafforzamento dei metodi: Anticipatory Innovation Governance (AIG)

A partire dal 2020, una forma contemporanea e pratica di definizione delle competenze future, specificamente per il livello governativo, è la "governance dell'innovazione anticipatoria" o "progettazione anticipatoria dell'innovazione": l'*Anticipatory Innovation Governance*, in breve *AIG*[46]. Oggi l'AIG è considerata l'approccio governativo più stimolante a livello internazionale per perseguire la politica dell'innovazione in modo lungimirante, anticipatorio e olistico. I 38 Paesi economicamente e tecnologicamente più sviluppati del mondo, gli stati membri dell'OCSE, e la loro sotto-organizzazione OPSI (Osservatorio dell'Innovazione del Settore Pubblico) stanno lavorando insieme su questo approccio, lo sviluppano costantemente e si scambiano esperienze e buone pratiche[47]. I paesi scandinavi, Finlandia e Svezia, sono all'avanguardia nell'applicazione dell'"anticipatory innovation design". Hanno creato i loro gruppi d'azione nei rispettivi governi e parlamenti, sia a livello nazionale che regionale. [48]

L'Alto Adige può anche unire le forze con Stati federali tedeschi particolarmente innovativi come il Baden-Württemberg. Nel 2022 il *Bundesland* ha lanciato programmi di innovazione tecnologica che abbracciano lo stato, i settori e le discipline.[49] A sud, ad esempio, l'Alto Adige può collaborare con l'innovazione di eccellenza con base accademica, come Sapienza Innovazione (SI), specializzato in tecnologie industriali del futuro. SI è una cooperazione orientata all'applicazione tra l'Università di Roma I e il polo industriale dell'Italia centrale[50]. Poi a Napoli c'è *l'Italian Institute for the Future* (IIF), che si occupa esclusivamente dei futuri possibili e desiderati in cooperazione con il Millennium Project.

In sintesi, la Provincia dell'Alto Adige può collaborare con i poli del nord e del sud su programmi di sviluppo tecnologico di ampio respiro, secondo l'approccio dell'OCSE e dell'UNESCO. L'adattamento permanente delle normative alle esigenze locali fa parte dello standard di sostenibilità nell'approccio AIG, perché sostenibilità e adattamento (volto alle circostanze mutevoli come compito permanente di flessibilità, consapevolezza e intelligenza specifica dell'ambiente) vanno di pari passo e dipendono l'uno dall'altro.

9. Acquisizione di competenze future in campo giuridico

Una visione tecnologica olistica comprende anche la preparazione all'adattamento delle normative sull'IA, sempre più complete e precise[51], all'autonomia dell'Alto Adige. Secondo tutte le previsioni, l'IA stessa diventerà un fattore e un protagonista della legislazione. Nel campo dell'automazione, una delle innovazioni più importanti è l'"AI-legislazione", compresi i regolamenti e le norme per la vita quotidiana in senso lato. Ciò riguarda non solo l'attuazione, ma soprattutto la produzione, la descrizione testuale e l'elaborazione di norme in risposta alle condizioni sociali. In questo ambito, l'IA sarà utilizzata anche per identificare, armonizzare, correggere o eliminare leggi superflue o duplicate. Questo sviluppo complessivo in campo giuridico-legislativo non ha solo implicazioni per la res pubblica, ma anche per la società civile. Come già accennato, il Prof. Stephan Breidenbach dell'Università Viadrina a Frankfurt/Oder, una figura di spicco nel mondo di lingua tedesca, ha contribuito a fondare il campo della "legal tech" in Europa con una spinta partecipativa della società civile.

Negli anni a venire, i requisiti di competenza in campo legale si estenderanno a molte aree dettagliate. Un esempio tra i tanti venne nel febbraio 2024 dalla Spagna: "Il Ministero della Cultura [spagnolo] ha emanato nuove linee guida per evitare che le opere artistiche e creative create esclusivamente da IA generativa ricevano premi pubblici"[52]. Questo sarà probabilmente solo l'inizio di una serie di normative che riguarderanno anche aspetti del settore culturale, particolarmente importante per l'Alto Adige.

Un'altra dimensione che sta diventando rilevante in ambito giuridico è il nuovo settore della "giustizia dei dati", originariamente chiamato *data justice* o *data justice for development*. Lo scrive l'Associazione britannica per gli studi sullo sviluppo:

> "I dati stanno giocando un ruolo sempre più importante nel plasmare lo sviluppo. Dobbiamo esplorare le questioni relative alla giustizia dei dati nello sviluppo, compresi i casi in cui i dati hanno portato alla (in)giustizia sociale, nonché le strategie pratiche con cui i dati possono contribuire a uno sviluppo socialmente giusto."[53]

A tal fine, sempre più paesi stanno formando gruppi di studio nazionali e regionali che, come nel Regno Unito, sono organizzati come "Gruppi di studio sulle tecnologie digitali, i dati e lo sviluppo"[54]. Ciò avrebbe senso anche in Alto Adige.

Del resto, la "giustizia dei dati" e la "sovranità digitale"[55] sono sempre più legate perché entrambe riguardano sistemi di riferimento sociali e politici. La giustizia dei dati e la sovranità digitale non sono questioni che riguardano solo le autorità superiori, ma anche le regioni dell'UE. Sono particolarmente importanti perché gran parte della realtà anche locale in futuro dipenderà dai dati.

Tutto ciò non esclude la formazione di competenze giuridiche di nicchia a livello regionale e locale da parte di gruppi interessati in altri settori, forse anche più insoliti. Tra questi potrebbe esserci, ad esempio, il diritto spaziale, che secondo le previsioni aumenterà d'importanza. Poiché l'Alto Adige ha sul suo territorio aziende che coproducono componenti, non si tratta di un'idea campata per aria. La questione è di come il diritto dell'economia spaziale debba essere valutato nelle sue ampie prospettive e forse anche co-progettato in aspetti parziali. Alla luce del fatto che la Banca Europea per gli Investimenti sta affrontando il tema e che la costruzione di competenze decentrate non è solo auspicabile ma anche possibile nell'Unione Europea, i gruppi altoatesini interessati dovrebbero essere incoraggiati a impegnarsi in questi futuri cluster. Se il Lussemburgo ha già fondato un'agenzia spaziale a orientamento commerciale nel settembre 2018[56] e "una piccola parte del Lussemburgo sarà nello spazio in futuro"[57], non è del tutto assurdo pensare a qualcosa di simile per l'Alto Adige, che ha un numero di popolazione simile. L'approccio più promettente in questo caso – come nel Baden-Württemberg, ad esempio, dove i viaggi nello spazio sono un tema strategico per il futuro fin dai primi anni 2020[58] – è probabilmente una combinazione di esperti legali, esperti scientifici, competenze in materia di internazionalizzazione, e cittadini entusiasti che possono essere collegati in qualche modo. Anche se questo potrebbe rimanere un fenomeno marginale, i risultati arriveranno.

10. Espansione del finanziamento delle start-up

L'espansione dei finanziamenti tecnologici semi-pubblici attraverso il finanziamento pubblico-privato e cooperativo per la fase iniziale di sviluppo è elemento che promuove le strutture imprenditoriali. In Europa centrale, a differenza degli Stati Uniti, gli hedge fund o i gruppi di investimento non si assumono il rischio – che di solito è piuttosto elevato nel settore tecnologico –, e le banche svolgono solo un ruolo limitato. È necessario bilanciare questa situazione attraverso allianze strategiche intelligenti.

11. Acquisizione di talenti

Infine, il futuro della tecnologia in Alto Adige 2030 comprende l'acquisizione di talenti specialmente in aree di innovazione tecnologica di nicchia. In questo senso, un pool di ricerca di talenti potrebbe svolgere un ruolo interessante. L'idea potrebbe essere quella di generare valore aggiunto concentrandosi sulle nicchie e di attrarre o trattenere talenti altamente qualificati per creare un pool industriale "giovane".

Le possibili opzioni includono

- specializzazione dell'insegnamento e della formazione universitaria in nicchie del settore high-tech;
- specializzazioni di nicchia in istituti di ricerca e università;
- potenziamento di iniziative private, eventualmente in collaborazione con partner europei.

12. Consigli tecnologici decentrati

Idealmente, queste idee potrebbero essere inserite in un'amministrazione territoriale attivamente tecno-integrativa. La tecnologia è infatti diventata da tempo uno dei più importanti fattori "politico-contestuali" – quindi spesso funziona come una politica "diversa" al di qua della politica istituzionalizzata[59]. È una politica particolarmente cara ai giovani, tra l'altro in relazione alle loro "politiche dell'immaginazione".[60]

Pertanto, nell'ambito dell'immagine di un'amministrazione territoriale tecno-integrativa, si raccomanda l'introduzione di consigli futuri e tecnologici decentrati e concentrati sui giovani a tutti i livelli, ove possibile. Si potrebbe trattare di comunità distrettuali, ma anche di singoli comuni. Anche le aziende potrebbero trarne vantaggio. L'idea è quella di nominare una o più persone responsabili del futuro in modo ampiamente autonomo all'interno dell'organizzazione, che poi acquisiscono competenze specifiche. Queste persone potrebbero fungere da ufficio di collegamento con le istituzioni e gli esperti scientifici. Potrebbero inoltre collegarsi ai più importanti eventi internazionali sul futuro e sulle tendenze che si svolgono periodicamente, come i Futures Days dell'UNESCO e del Millennium Project (marzo e dicembre di ogni anno), il Congresso della World Futures Studies Federation (ottobre) e il Dubai World Futures Forum (novembre).

Il collegamento capillare, preferibilmente permanente, di tali antenne locali alle grandi tendenze non deve essere sottovalutato nei suoi effetti, indipendentemente dal loro numero. Dopotutto, la loro sola esistenza, che dovrebbe essere comunicata anche al quartiere, può attrarre i giovani e diventare un plasmatore di interi ambienti lavorativi, se viene portata avanti in modo continuativo. Un'aggiunta ideale sarebbe un centro di coordinamento – non vincolato – a livello provinciale, per approfondire lo scambio di esperienze e attività civili e creare gradualmente una vera e propria "Rete Futuro Alto Adige".

La questione dell'approccio: "glocale" o "cosmolocale"?

Per una tale visione tecnologica, la questione è se l'approccio di base debba essere uno "glocale" o "cosmolocale".

I due termini chiave "glocale" e "cosmolocale" sono oggi usati quasi come sinonimi per il futuro della tecnologia. Sebbene entrambi siano piuttosto nuovi, il concetto di "cosmolocale" è l'ultima parola d'ordine emergente nel campo delle tecnologie del futuro. Cerca di combinare sostenibilità e resilienza integrando il "cosmologico" e il "locale" in modo "conviviale" nel settore tecnologico[61]. Il "cosmolocale" non è molto diverso dal "glocale", ma ha una tendenza comunitaria più forte, con vantaggi e svantaggi. In pratica, il "cosmolocalismo" consiste nei cosiddetti "quadri cosmolocali". Si tratta di gruppi d'azione che perseguono l'obiettivo di ridisegnare la configurazione socio-tecnica di determinati ambienti di vita a favore delle loro popolazioni, "attraverso infrastrutture resilienti per lo scambio di conoscenze, tecniche e pratiche e attraverso canali di comunicazione aperti"[62]. Vasilis Kostakis, Vasilis Niaros e Chris Giotitsas scrivono per spiegare il concetto:

> "Il raggiungimento della sostenibilità sociale e ambientale richiede una riconcettualizzazione della tecnologia come componente vitale della società moderna, che permea tutti gli altri aspetti di tale società. Abbiamo bisogno di un quadro di riferimento per lo sviluppo tecnologico che utilizzi il concetto di produzione 'cosmolocale'. Questo concetto cattura le dinamiche delle iniziative tecnologiche disperse che realizzano approcci diversi al vivere, al lavorare e al produrre intorno al bene comune. È un quadro strutturale che dà priorità al benessere socio-ecologico"[63].

Per l'Alto Adige potrebbe trattarsi di un concetto simile agli approcci già esistenti.

Prospettive culturali sul cambiamento tecnologico: le tecnologie del futuro cambieranno l'uso della cultura

In vista di domani, piuttosto che le battaglie ideologiche di schieramento, è più importante porsi la domanda di cosa significhi il ruolo "della la tecnologia come componente vitale di una società moderna che permea tutti gli altri aspetti della società"[64]. Fino a poco tempo fa, questa definizione di "componente vitale" era riservata alla cultura.

L'uso della cultura consiste – scientificamente parlando – in primo luogo nella produzione culturale e in secondo luogo nel consumo culturale. In terzo luogo, ambedue sono legati alla cultura dei consumatori. La comprensione deve dunque logicamente concentrarsi sulla triplice interrelazione tra produzione culturale, consumo culturale e cultura del consumo, poiché tutte e tre si influenzano e si modificano costantemente in un movimento a spirale. Se vogliamo comprendere il campo di tensione odierno nell'uso della cultura e il suo sviluppo creativo, è importante considerare l'ambiente quotidiano, il cambiamento generazionale e – soprattutto – l'emergere di nuove tecnologie.

Ad esempio, negli ultimi anni i giovani hanno di fatto dichiarato la "fine della televisione" a favore dei media interattivi e di Internet. Anche il ruolo crescente dell'industria globale dei giochi, che ha da tempo superato l'industria cinematografica e conta ormai 3 miliardi di utenti, fa parte dell'allontanamento dai media passivi. La digitalizzazione è stata accelerata dalla crisi di Covid-19 e ha portato a prevedere che, tra qualche anno, fino al 90 % dei contenuti di Internet potrebbe essere generato dall'intelligenza artificiale e da chatbot come ChatGPT, Sphere o Bard[65]. Ciò significa che l'"industria della creatività" potrebbe ora trasformarsi, almeno in parte, da industria umana a industria tecnica, anche in Alto Adige.

Inoltre, la tecnologizzazione della fruizione culturale ha molto a che fare con le camere dell'eco dei social media. Questo si è visto anche in Alto Adige negli ultimi anni, tra l'altro nei comportamenti elettorali e sociali. Le nuove tecnologie giocano un ruolo sempre più importante in politica, così come stanno diventando sempre più importanti per la formazione di opinioni, giudizi di valore e norme comportamentali[66].

In terzo luogo, anche gli sviluppi nel mondo professionale creativo stanno mostrando un cambiamento. Ciò è stato evidente all'ultima Biennale di Venezia, dove un robot artificiale umanoide chiamato AI-da ha fatto scalpore creando "arte" per tutti. Una parte del commercio dell'arte e della cultura si sta spostando verso il "metaverso", un mondo artificiale nello spazio virtuale che attrae sempre più persone[67]. È iniziata una discussione sulla questione se e in che misura ampie fasce della popolazione preferiranno mondi virtuali o reali per il lavoro e l'efficacia nei prossimi decenni, che è anche una discussione sulla cultura e sullo spazio vitale[68]. Filosofi come Maurizio Ferraris ritengono che l'accesso a simulazioni della realtà dovrebbe essere istituzionalizzato[69].

Soprattutto in una regione europea come l'Alto Adige, fortemente dipendente dalla cultura, dobbiamo mettere in relazione questi sviluppi con le culture esistenti e i loro modi di produzione e consumo e considerare gli sviluppi prevedibili. Nei prossimi anni dovremo fare i conti con un uso della cultura sempre più orientato alla tecnologia, senza trascurare le culture creative esistenti. Dovremmo difendere queste ultime in modo razionale ed equilibrato per preservare la "biodiversità culturale". Tuttavia, alla luce del cambiamento delle priorità, dovremmo anche riconoscere i rischi del cambiamento tecnologico nell'uso della cultura – in tutte e tre le dimensioni: produzione, consumo e cultura del consumo – per lo stile di vita, la solidarietà e la coesione sociale.

I prossimi anni: il futuro tecnologico dell'Alto Adige si basa su condizioni favorevoli

Oltre al cambiamento culturale che porteranno, tutti i dodici punti sopra citati, presi singolarmente o in combinazione tra loro, hanno una cosa in comune: il futuro della tecnologia in Alto Adige è promettente ed entusiasmante, sulla base delle priorità e delle strategie lungimiranti stabilite dai responsabili politici locali. Questa prospettiva positiva si irradia dal settore tecnologico a tutti i settori della società.

Non c'è dubbio che la trasformazione tecnologica porrà grandi sfide anche all'Alto Adige, come a tutte le altre società grandi e piccole. Ad esempio, il pioniere della tecnologia Elon Musk prevede che la domanda di elettricità negli Stati Uniti triplicherà entro il 2045, perché le nuove tecnologie, come l'intelligenza artificiale e le auto elettriche, consumeranno grandi quantità di elettricità[70]. Ciò rende necessario un controllo sistemico: il futuro dell'energia, dell'acqua, delle risorse e della pianificazione territoriale dipenderà anche dal futuro della tecnologia, così come il futuro della tecnologia dipende a sua volta da questi elementi. L'Alto Adige dispone di buoni presupposti per l'approvvigionamento autoctono, ad esempio grazie alla produzione di energia idroelettrica ed elettrica. Tuttavia, questi devono essere integrati con altri settori e guidati politicamente, il che è possibile solo nell'ambito di una visione globale dello sviluppo che ci attende, in cui la tecnologia futura giocherà un ruolo fondamentale.

Il lavoro di visione associato per rafforzare il sistema complessivo non dovrebbe essere un processo una tantum, ma dovrebbe svolgersi su base continuativa. A tal fine è necessario creare luoghi e procedure. In breve, il lavoro sul futuro dovrebbe essere istituzionalizzato il più possibile – nelle commissioni governative, nei dialoghi della società civile, ma anche creando una riflessione etica dove la tecnologia viene prodotta in prima persona. Esistono diverse "buone pratiche" in tal senso, ad esempio in Finlandia[71], Irlanda[72], Slovenia[73] e Svezia[74]. Grazie a questi esempi di visione dello sviluppo territoriale, l'Alto Adige può scambiare idee e adottare le migliori "pratiche". Diversi altri territori stanno lavorando con aspetti o processi parziali che l'Alto Adige potrebbe adattare e applicare a sé stesso[75].

Nel complesso, le tecnologie del futuro possono aprire ampi orizzonti per l'Alto Adige – nell'ambito delle strategie provinciali, nel settore aziendale pubblico e privato e attraverso l'introduzione di modelli di governance innovativi. L'Alto Adige ha le migliori premesse per un buon futuro, grazie a un settore tecnologico creato su misura per la provincia e allo stesso tempo internazionalizzato, che spinge l'innovazione e quindi fa progredire l'intera provincia.

1 Cfr. in dettaglio Risto Linturi: Verso un futuro migliore! Opportunità e minacce tecnologiche per la promozione dello sviluppo sostenibile. Pubblicazione del Comitato per il futuro 1/2021, Parlamento della Finlandia, Helsinki 2021, https://www.eduskunta.fi/FI/naineduskuntatoimii/julkaisut/Documents/tuvj_1+2021.pdf.

2 Banca europea per gli investimenti: Intelligenza artificiale, Blockchain e il futuro dell'Europa. Come le tecnologie dirompenti creano opportunità per un'economia verde e digitale. Relazione, 01 giugno 2021, https://www.eib.org/en/publications/artificial-intelligence-blockchain-and-the-future-of-europe-report.

3 Ibidem.

4 ENEA – Agenzia nazionale per le nuove tecnologie, l'energia e lo sviluppo economico sostenibile: Smart cities and communities, n.d., https://energia.enea.it/divisioni/smart-energy/smart-cities-and-communities/. Si veda anche questo: Cross technologies per Distretti Urbani e Industriali, n.d., https://energia.enea.it/divisioni/smart-energy/cross-technologies-per-distretti-urbani-e-industriali/.

5 Banca europea per gli investimenti: Intelligenza artificiale, Blockchain e il futuro dell'Europa. Come le tecnologie dirompenti creano opportunità per un'economia verde e digitale. Relazione, op. cit.

6 Strumenti di conoscenza: Logos, https://www.knowledgetools.de/.

7 Centro per la digitalizzazione del diritto tributario della Ludwig-Maximilians-Universität München LMUDigiTax, https://www.lmudigitax.uni-muenchen.de/index.html.

8 Stephan Breidenbach: Potenziale della tecnologia digitale. DLD Europe Conference 17. in: Youtube, 07 settembre 2017, https://www.youtube.com/watch?v=occVHo8z5_Y.

9 Società Fraunhofer: Biointelligenza. Una nuova prospettiva per la creazione di valore industriale sostenibile, Monaco 2019, https://www.iwm.fraunhofer.de/content/dam/iwm/de/presse/Presse_Bilder/2019/BIOTRAIN_Studie_2019_g31_de_Fraunhofer-Gesellschaft.pdf.

10 Ibidem.

11 Ibidem.

12 Si veda, ad esempio, la critica contenuta in Temenuga Trifonova: Fake it till you make it: Inventing the neoliberal self. In: Eurac Research Science Blogs: Imagining Futures, 13 febbraio 2024, https://www.eurac.edu/en/blogs/imagining-futures/fake-it-till-you-make-it-inventing-the-neoliberal-self.

13 Vedi la discussione su Alex Putzer: Quale natura ti interessa veramente? In: Eurac Research Science Blogs: Imagining Futures, 18 febbraio 2024, https://www.eurac.edu/de/blogs/imagining-futures/um-welche-natur-geht-es-euch-eigentlich-alex-putzer.

14 Provincia Autonoma di Bolzano-Alto Adige: Obiettivi di sviluppo sostenibile. Questi sono i sette campi d'azione per l'Alto Adige, n.d., https://nachhaltigkeit.provinz.bz.it/de/home.

15 Amministrazione provinciale dell'Alto Adige, Dipartimento Innovazione e Ricerca: Strategia di specializzazione intelligente: Innovazione e Ricerca Alto Adige 2030, n.d., https://www.provinz.bz.it/innovation-forschung/innovation-forschung-universitaet/408.asp.

16 Provincia Autonoma di Bolzano-Alto Adige: ogni giorno per il futuro. Gemeinsam für die Nachhaltigkeit, Juli 2021, https://assets-eu-01.kc-usercontent.com/bad10f1e-e9af-0140-aa47-ca5379671ba5/1ca00359-ccd2-466a-ab07-ed151de744a4/WEB-sostenibilita-paper-de.pdf.

17 Provincia Autonoma di Bolzano-Alto Adige: ogni giorno per il futuro, op. cit.

18 Ibidem.

19 Alleanza di ricerca e insegnamento per la sostenibilità in Alto Adige: https://www.research-alliance-for-sustainability.it/.

20 Provincia Autonoma di Bolzano-Alto Adige: Innovazione e Ricerca Alto Adige 2030. Smart Specialisation Strategy (RIS3) della Provincia Autonoma di Bolzano-Alto Adige: Executive Summary, Bolzano, ottobre 2021, https://www.provinz.bz.it/innovation-forschung/innovation-forschung-universitaet/downloads/Executive_Summary_Innovation_und_Forschung_Suedtirol_2030_RIS3.pdf.

21 Ibidem.

22 Amministrazione provinciale dell'Alto Adige, Agricoltura e Foreste: Ricerca e Innovazione: approvato il Programma provinciale 2020, Bolzano, 26.05.2020, https://www.provinz.bz.it/land-forstwirtschaft/landwirtschaft/aktuelles.asp?aktuelles_action=4&aktuelles_article_id=639992.

23 Provincia Autonoma di Bolzano-Alto Adige: NOI: Presentata la Strategia di ricerca e innovazione specializzata, 13.03.2023, https://news.provincia.bz.it/de/news/noi-spezialisierte-forschungs-und-innovationsstrategie-vorgestellt.

24 Ibidem.

25 Ibidem.

26 UNESCO, UNDP e altri: AI for the Planet Alliance, https://www.aifortheplanet.org/en/ e AI for the Planet Alliance: una piattaforma globale multidisciplinare per promuovere soluzioni di

AI per il cambiamento climatico su scala, n.d., https://www.aifortheplanet.org/en/content/ai-for-the-planet-alliance.

27 Dipartimento delle Nazioni Unite per gli Affari Economici e Sociali: Artificial Intelligence for the Planet: Solutions for Climate and People A margine del Science, Technology and Innovation (STI) Forum, n.d., https://www.un.org/en/desa/artificial-intelligence-planet-solutions-climate-and-people-margins-sti e United Nations Web TV: AI for the Planet: Solutions for Climate and People, n.d., https://media.un.org/en/asset/k1y/k1ynu1wku1.

28 La Coalizione per la sostenibilità ambientale digitale (CODES): Un pianeta sostenibile nell'era digitale, n.d., https://www.codes.global/.

29 Homepage dell'AI sui cambiamenti climatici: https://www.climatechange.ai/.

30 Rapporto della Global Partnership on AI in collaborazione con Climate Change AI e il Centre for AI & Climate: Climate Change and AI: Recommendations for Government Action, novembre 2021, https://www.gpai.ai/projects/climate-change-and-ai.pdf.

31 Boston Consulting Group: Congratulazioni ai vincitori del bando AI for the Planet Alliance. In: Youtube, 2 maggio 2022, https://www.youtube.com/watch?v=_bBR5gqh9Y4.

32 AI for the Planet Alliance: How AI Can Be a Powerful Tool in the Fightst Climate Change, BGC Gamma Publications, luglio 2022, https://cdn-assets.inwink.com/de3a211c-d522-4534-8cb8-65999ca21469/c62eeb95-4510-4dbc-9256-41cecffec46d?sv=2018-03-28&sr=b&sig=%2F3XoAqqSuH0FciTEys66oQCOz%2FkobYBD0MdYd3CwjF8%3D&se=9999-12-31T23%3A59%3A59Z&sp=r&rscd=inline%3B%20filename%3D%22AI%2520for%2520the%2520Planet%2520x%2520BCG%2520report%2520-%2520July%25202022%2520-%2520vFinal2.pdf%22.

33 La Coalizione per la sostenibilità ambientale digitale (CODES): Un pianeta sostenibile nell'era digitale, op. cit.

34 Stan Posey: Chi fermerà la pioggia? Gli scienziati invitano alla cooperazione sul clima. In: blog NVIDIA, 28 giugno 2023, https://blogs.nvidia.com/blog/digital-twins-climate-collaboration/.

35 NVIDIA: visualizzazione interattiva di dati climatici ad alta risoluzione e su scala globale nel cloud. In: Youtube, 3 luglio 2023, https://www.youtube.com/watch?v=8cQoYcbUG_M.

36 Jörn Hoffmann, Peter Bauer et. al.: Destination Earth – A digital twin in support of climate services. In: Climate Services, Volume 30, Aprile 2023, Elsevier Journals, https://www.sciencedirect.com/science/article/pii/S2405880723000559?via%3Dihub.

37 Roland Benedikter: Sostenibilità e resilienza, di prossima pubblicazione, op. cit.

38 Cattedra UNESCO presso il Centro di Studi Avanzati della Ricerca Eurac di Bolzano: https://www.eurac.edu/en/institutes-centers/center-for-advanced-studies/research-group/unesco-chair.

39 UNESCO: Bolzano nuova Città Creativa dell'UNESCO per la musica, 06 novembre 2023, https://www.unesco.it/it/news/bolzano-nuova-creative-city-dellunesco-per-la-musica/.

40 Riel Miller (a cura di): Transforming the Future. Anticipation in the 21st Century, Routledge e UNESCO, Londra e Parigi 2018, https://www.routledge.com/Transforming-the-Future-Anticipation-in-the-21st-Century/Miller/p/book/9780367855888. Si veda anche Nicklas Larsen, Jeanette Kaeseler Mortensen e Riel Miller: What is 'Futures Literacy' and why is it important? Per superare la resistenza cieca al cambiamento e la povertà dell'immaginazione. In: Medium, 11 febbraio 2020, https://medium.com/copenhagen-institute-for-futures-studies/what-is-futures-literacy-and-why-is-it-important-a27f24b983d8.

41 Cattedra UNESCO presso il Centro di Studi Avanzati della Ricerca Eurac di Bolzano: https://www.eurac.edu/en/institutes-centers/center-for-advanced-studies/research-group/unesco-chair.

42 Roland Benedikter: Educazione al futuro UNESCO: "Superare la povertà di immaginazione". In: stol.it, 11 gennaio 2022, https://www.stol.it/artikel/politik/unesco-zukunftsbildung-die-armut-der-einbildungskraft-ueberwinden.

43 Eurac Research: Workshop con Riel Miller, pioniere della Futures Literacy dell'UNESCO. L'esperto di Futures Studies insegna Futures Literacy all'Eurac Research, 22 maggio 2023, https://www.eurac.edu/en/institutes-centers/center-for-advanced-studies/research-group/unesco-chair/news-events/workshop-with-riel-miller.

44 UNESCO: Futures Literacy: una competenzaessenziale per il 21st secolo, n.d., https://en.unesco.org/futuresliteracy/about.

45 Riel Miller: Transforming the Future: Anticipation in the 21st Century, Routledge e UNESCO 2018, https://unesdoc.unesco.org/ark:/48223/pf0000264644.

46 OCSE: Governance anticipata dell'innovazione. Dare forma al futuro attraverso una politica proattiva. Documenti di lavoro dell'OCSE sulla governance pubblica n. 44, Parigi, 24 dicembre 2020, https://www.oecd.org/science/anticipatory-innovation-governance-cce14d80-en.htm.

47 OPSI: Anticipatory Innovation Governance: Exploring the Future and Taking Action Today, n.d., https://oecd-opsi.org/work-areas/anticipatory-innovation/.

48 OCSE: Modello di governance dell'innovazione anticipata in Finlandia: verso un nuovo modo di governare. OECD Public Governance Reviews, 06 ottobre 2022, https://www.oecd.org/publications/anticipatory-innovation-governance-model-in-finland-a31e7a9a-en.htm.

49 Philip Fabian: Alla pari della California: Silicon Ländle. In: Bild Zeitung online, 14/09/2023, https://www.bild.de/politik/inland/politik-inland/auf-augenhoehe-mit-kalifornien-silicon-laendle-85406172.bild.html

50 Sapienza Innovazione (SI): http://www.sapienzainnovazione.it/.

51 Thomas Porwol: Insieme alla politica statunitense: i miliardari della tecnologia vogliono stabilire le regole per l'IA. In: Bild Zeitung online, 14/09/2023, https://www.bild.de/digital/2023/digital/zusammen-mit-us-senatoren-tech-giganten-beraten-ueber-ki-schiedsrichter-85404648.bild.html.

52 Josè Duran Rodriguez: Inteligencia artificial: Ninguna obra creada "íntegra y exclusivamente" con IA podrá ganar un Premio Nacional. In: El Salto, 20 febbraio 2024, https://www.elsaltodiario.com/inteligencia-artificial/ninguna-obra-creada-integra-exclusivamente-ia-podra-ganar-un-premio-nacional. Citato da *AlgorithmWatch*, febbraio 2024.

53 Associazione per gli studi sullo sviluppo: Programma: Giustizia sociale e sviluppo in un mondo polarizzato. Conferenza, 26-28 giugno 2024, Università SOAS di Londra, https://www.devstud.org.uk/conference/conference-2024/programme/#14931.

54 Development Studies Association: Digital Technologies, Data and Development (2013ss.), https://www.devstud.org.uk/studygroup/digital-technologies-data-and-development/.

55 Si veda, ad esempio, David McCabe: Biden agisce per fermare le vendite di dati personali sensibili a Cina e Russia. In: The New York Times, 28 febbraio 2024, https://www.nytimes.com/2024/02/28/technology/biden-data-sales-china-russia.html

56 Businesswire: il Lussemburgo istituisce un'agenzia spaziale a orientamento commerciale, 12 settembre 2018, https://www.businesswire.it/news/it/20180912005679/de.

57 Luxembourg.lu: Il Lussemburgo con un piede sulla luna. L'industria spaziale in Lussemburgo è cresciuta fortemente negli ultimi anni, 16.03.2023, https://luxembourg.public.lu/de/investieren/schluesselsektoren/luxembourg-artemis-mission.html.

58 Torsten Schilling (a cura di): Viaggi spaziali nel Baden-Württemberg: prospettive future e raccomandazioni per l'azione. Studio DGLR, febbraio 2020, https://wm.baden-wuerttemberg.de/fileadmin/redaktion/m-wm/intern/Publikationen/Innovation/DGLR-Studie_Raumfahrt_in_Baden-W%C3%BCrttemberg_2020_web.pdf.

59 Robert E. Goodin e Charles Tilly (eds.): The Oxford Handbook of Contextual Political Analysis, Oxford University Press 2006, https://global.oup.com/academic/product/the-oxford-handbook-of-contextual-political-analysis-9780199270439?cc=it&lang=en&#.

60 Si veda Chiara Bottici: Imaginal Politics. Images beyond Imagination and the Imaginary, Columbia University Press 2014, http://cup.columbia.edu/book/imaginal-politics/9780231157780.

61 Vasilis Kostakis, Vasilis Niaros e Chris Giotitsas: Beyond global versus local: illuminating a cosmolocal framework for convivial technology development. In: Sustainability Science 2023, 30 giugno 2023, https://doi.org/10.1007/s11625-023-01378-1 e https://link.springer.com/article/10.1007/s11625-023-01378-1.

62 Ibidem.

63 Ibidem.

64 Ibidem.

65 Alexandra Garfinkle: Secondo un esperto, il 90% dei contenuti online "potrebbe essere generato dall'IA entro il 2025". In: Yahoo Finance, 13 gennaio 2023, https://finance.yahoo.com/news/90-of-online-content-could-be-generated-by-ai-by-2025-expert-says-201023872.html. Si veda anche Maggie Harrison Duprè: Experts: 90% of online content will be AI-generated by 2026. In: The Byte, 18 settembre 2022, https://futurism.com/the-byte/experts-90-online-content-ai-generated.

66 Per approfondire, si veda Roland Benedikter: Die Erneuerung der politischen Mitte. La disgregazione della società, il formato dei partiti popolari e il futuro della democrazia. Libro ad accesso libero (gratuito), Nomos Verlag 2022, https://www.nomos-elibrary.de/10.5771/9783748936084.pdf.

67 McKinsey & Company: What is the Metaverse?, 17 agosto 2022, https://www.mckinsey.com/featured-insights/mckinsey-explainers/what-is-the-metaverse. Si veda anche più criticamente Eric Ravenscraft: What Is the Metaverse, Exactly? In: Wired, 15 giugno 2023, https://www.wired.com/story/what-is-the-metaverse/.

68 Deena Mousa: "Macchine dell'esperienza": l'esperimento di pensiero degli anni '70 che parla ai nostri tempi. In: BBC, 24 marzo 2024, https://www.bbc.com/future/article/20240321-experience-machines-thought-experiment-that-inspired-matrixs-greatest-question.

69 Vedi l'ultimo libro di Ferraris discusso da Claudia Presicce: Ferraris presenta il suo nuovo libro "Imparare a vivere". In: Il Quotidiano di Puglia, 6 marzo 2024, https://www.quotidianodipuglia.it/AMP/cultura/ferraris_presenta_il_suo_nuovo_libro_cosa_sappiamo-7976268.html.

70 Rui Filipe Martins Machado: miliardario con previsioni fosche. Elon Musk avverte: le luci si spegneranno tra due anni. In: Computerbild, 07/08/2023, https://www.computerbild.de/artikel/cb-News-Energie-Elon-Musk-sagt-voraus-In-zwei-Jahren-geht-das-Licht-aus-36248491.html.

71 OCSE: Anticipatory Innovation Governance Model in Finland: Towards A New Way of Governing. OECD Public Governance Reviews, 6 ottobre 2022, https://www.oecd.org/publications/

anticipatory-innovation-governance-model-in-finland-a31e7a9a-en.htm. Vedi anche: https://oecd-opsi.org/blog/innovation-barometer-finland/.

72 OCSE, Osservatorio dell'innovazione del settore pubblico (OPSI): Verso un sistema di previsione strategica in Irlanda, 14 maggio 2021, https://oecd-opsi.org/publications/foresight-ireland/.

73 OCSE, Osservatorio dell'innovazione del settore pubblico (OPSI): scenari di gestione dei talenti per la pubblica amministrazione slovena, https://oecd-opsi.org/air/case/talent-management-slovenia/ e https://oecd-opsi.org/wp-content/uploads/2021/10/Slovenia_Talent_Management_Scenarios_Final.pdf.

74 RISE: Governance Innovation in Sweden, n.d., https://www.ri.se/en/governanceinnovation-sweden. Si veda anche Daniel Bengtsson: Foresight in Sweden, 2021-12-16, https://www.diva-portal.org/smash/get/diva2:1623659/FULLTEXT01.pdf.

75 Si veda Jose Ramos, Ida Uusikyla e Nguyen Tuan Luong: Anticipatory Governance – A Primer. In: UNDP Viet Nam, 18 febbraio 2020, https://www.undp.org/vietnam/blog/anticipatory-governance-primer.

CAPITOLO 14

Prospettive: Approcci per l'azione. Strumenti e opzioni pratiche

Roland Benedikter

Eurac Research Bolzano, Centro di Studi Avanzati e Cattedra UNESCO per l'anticipazione interdisciplinare e la trasformazione globale-locale, Circolo per il Futuro del Ministero Federale Tedesco dell'Istruzione e della Ricerca (BMBF) per il Governo Federale Tedesco 2019-2023

In prospettiva istituzionale, sono in fase di creazione nuovi strumenti regolatori che permetteranno passi in avanti significativi. Per esempio, il "Chips Act" dell'Unione Europea è stato adottato il 25 luglio 2023 ed è entrato in vigore il 23 settembre[1]. Promette una nuova era per l'industria europea. L'attuale quota del 10 % dell'Europa nella produzione mondiale di chip, che ammonta a 1.000 miliardi di unità all'anno, verrà incrementata, dando così il via a una spinta tecnologica generale. Secondo la Commissione Europea, ciò consentirà all'Europa di migliorare il proprio profilo tecnologico[2]. Nel novembre 2023, l'UE ha istituito l'impresa comune Chips (Chips JU), che ha erogato i primi 216 milioni di finanziamenti nel febbraio 2024[3]. Nel gennaio 2024 sono state pubblicate le regole sulle modalità di creazione e finanziamento degli impianti di produzione congiunti europei, per la prima volta con una burocrazia piuttosto snella[4]. E alla fine del febbraio 2024, il "Programma dell'UE per il Decennio digitale"[5] ha delineato come l'Europa nel suo complesso possa compiere progressi nel settore tecnologico entro il 2030, potenziando le regioni e le periferie sia come sedi che come centri di competenza. Come scrive l'UE, "una connettività sicura e onnipresente è cruciale per l'introduzione delle tecnologie che ci proietteranno nel mondo di domani"[6].

L'ambiente è cambiato positivamente: Offensiva UE sui chip

Nel complesso, l'Europa sembra ora pronta ad "abbracciare" le nuove tecnologie. Questa svolta verso un'Europa più tecnologica, che supera i suoi precedenti limiti, si inserisce in uno sviluppo più ampio di modernizzazione che appare più naturale. Ad esempio, quando una decina di anni fa gli esperti hanno previsto che "Internet diventerà come l'elettricità: meno appariscente, ma più profondamente incorporato nella vita delle persone, nel bene e nel male"[7], ciò è diventato realtà molto più rapidamente di quanto molti si aspettassero all'epoca. Per anni, tutti gli attori globali hanno perseguito programmi per la tecnologia del futuro – dalle Nazioni Unite, l'UNESCO e l'OCSE agli Stati Uniti, la Cina, il Giappone, la Germania e l'UE, fino a società pubblicamente influenti come il World Economic Forum (WEF) e organizzazioni non governative come l'iniziativa internazionale "The World in 2050"[8]. Tutti sono accomunati dallo sforzo di collocare la tecnologia in una visione globale per gli anni 2030-2050 – e di sviluppare scenari in tal senso.

È interessante notare che praticamente tutti gli scenari concordano sul punto centrale, nonostante gli interessi diversi: la tecnologia si sta spostando al centro di ogni società. Per questo motivo tutti gli attori, e ora sempre più anche l'UE, stanno fornendo risorse strategiche per questi scenari, invece di limitarsi a parlarne. Ciò che sta emergendo oggi, nonostante le crescenti tensioni geopolitiche, è – di conseguenza – il precursore di una sorta di visione di convergenza trans-sistemica del futuro della tecnologia che non potrebbe essere più eccitante. Il punto più importante può essere riassunto in una frase: Nessuna società sarà in grado di sopravvivere senza le proprie competenze in materia di tecnologie d'avanguardia, almeno in aree di nicchia, grandi o piccole che siano.

L'auto-posizionamento dell'Alto Adige

Per l'UE, il più importante strumento di previsione olistica: l'*EU Forward Look 2023*[9] ha chiaramente evidenziato la necessità di recuperare il ritardo accumulato, in particolare nel settore delle tecnologie future. Lo abbiamo già visto e spiegato nel capitolo 2. Soprattutto alla luce dell'analisi dell'UE sulla necessità ora sul tavolo, l'importanza della priorità strategica nel Parco Tecnologico NOI del marzo 2023[10] diventa ancora più chiaro. Se la relazione sottolinea che l'Unione Europea è leader mondiale nel campo delle energie rinnovabili, allora la decisione dell'Alto Adige di aderire al focus "Green" e di "rafforzare i punti di forza" – come previsto dalla strategia tecnologica del NOI – ha perfettamente senso. Inoltre, se il rapporto dell'UE sottolinea che l'Europa è in ritardo nei settori dell'automazione, della rivoluzione biotecnologica, del grado di digitalizzazione e della connettività, allora è ancora più importante che l'Alto Adige faccia dei passi avanti in questo ambito con l'attenzione al "Digitale" e all'"Automotive/ Automazione". Dunque per quanto riguarda l'Alto Adige, le scelte di priorità strategiche si sono rivelate azzecate, tempestive e lungimiranti.

È importante che l'UE nel 2023 abbia riconosciuto i propri punti di forza e di debolezza e sia pronta a compiere i prossimi passi. Se l'UE rivolgerà la sua attenzione alle nuove tecnologie in modo ancora più deciso di prima, si apriranno nuove opportunità. Questa è la strada giusta da seguire.

L'Alto Adige non fa eccezione nel quadro generale Europeo. La provincia può ora svolgere un ruolo più attivo nello sviluppo europeo rispetto al passato. Con il NOI Techpark di Bolzano e Brunico[11] e gli approcci forti della Strategia di sostenibilità e della strategia RIS3 per la specializzazione regionale intelligente[12], in Alto Adige sono state create le condizioni migliori per pianificare il futuro a lungo termine – e per crearlo davvero. Le strategie di sviluppo dell'Alto Adige sono state giustamente concepite come "strategie viventi"[13] – in altre parole, come "strategie attuali" destinate ad evolversi costantemente. Domande come: Cosa può fare l'Alto Adige dell'offensiva dei chip dell'UE per sé stesso? Può considerare dei collegamenti? In futuro si porranno sempre più spesso. Potrebbero diventare parte di una strategia di investimento provinciale nelle tecnologie future che richiede una discussione orientata alla pratica.

Il compito è ora quello di raccogliere le forze e coinvolgere maggiormente i cittadini in tali questioni relative alla strategia tecnologica – ad esempio attraverso un nuovo tipo di "dialogo sul futuro", che potrebbe basarsi su numerosi modelli sia del settore pubblico che di quello privato, compresi i formati di dialogo delle Nazioni Unite. Come in Finlandia, Svezia, Irlanda o nei Paesi baltici, è ipotizzabile l'istituzione di un "Comitato per il futuro"[14] nel Parlamento provinciale altoatesino, di un centro di coordinamento "Futures" presso il governatore provinciale[15] e la pubblicazione di un rapporto periodico della Giunta provinciale sul futuro[16]. Anche la creazione di un Consiglio tecnologico dei giovani nel NOI Techpark potrebbe essere un'idea.

Infine, ma non meno importante, la parità di genere sarà sempre più importante anche nel settore tecnologico, ad esempio attraverso il cosiddetto "avanzamento delle donne". Il settore tecnologico può contribuire a portare le donne in posizioni influenti e ad aprire ulteriormente la "difficile strada verso il vertice"[17]. Il fatto che oggi si stia verificando un'ampia "femminilizzazione" delle tecnologie del futuro[18], compreso il fatto che praticamente tutti i robot umanoidi – come "Sophia" o "Ameca" – sono dotati di corpi femminili e che la maggior parte dei sistemi di assistenza sui telefoni cellulari o nelle automobili hanno voci femminili per aumentare l'accettazione, rende ancora più urgente affrontare gli stereotipi di genere e le relative questioni di sviluppo sociale. Se questo dibattito non si svolge anche nel settore della tecnologia, corriamo il rischio che l'uso indiscusso degli aspetti di genere peggiori anziché migliorare la questione della parità di genere. Tuttavia, se si svolge, si possono fare notevoli progressi anche nella consapevolezza generale.

Innovazione: un bouquet di ingredienti in continua evoluzione

Con le sue aziende, le sue istituzioni scientifiche, i suoi manager, i suoi specialisti e i suoi dipendenti, l'Alto Adige ha già un'ottima qualità da offrire nel campo della tecnologia. In poco tempo, vari start-up sono diventate aziende globali. Tutta una serie di imprenditori altoatesini sono esperti di tecnologia riconosciuti a livello internazionale. Abbiamo adesso bisogno di nuovi format tra gli attori per avviare un dialogo sul futuro e aprire il grande potenziale reciproco. Il modo migliore è quello di far dialogare tra loro dei "partner improbabili". Questo può essere fatto, ad esempio, con nuovi formati come il formato "Random Coffee"[19], in cui manager e dipendenti di diverse aziende e aree specialistiche vengono riuniti per una pausa caffè utilizzando un generatore di connessioni AI, un cosiddetto "algoritmo di accoppiamento"[20]. Tuttavia, può anche essere utilizzato come interfaccia tra diverse istituzioni interessate. In sostanza, il formato può essere efficace laddove si desideri un collegamento "capillare" più forte tra gli attori.

Un altro formato potrebbe essere una serie coordinata di eventi nel formato TED, spettacolare e divertente, sui principali temi della tecnologia del futuro per il pubblico – nello spirito del motto "Learning from the best". In questo formato, ci sarebbe anche una forte attenzione alla riflessione sull'etica e sulle implicazioni sociali delle nuove tecnologie[21]. Ciò richiede un approccio fortemente fenomenologico e orientato alla pratica.

Nel complesso, la tecnologia ha risposte per tutte e tre le principali sfide future dell'economia altoatesina: 1. formazione e capitale sociale 2. start-up e successione 3. competitività e localizzazione. L'Alto Adige può mantenere le sue giovani generazioni sul territorio se le forze nel campo dell'innovazione vengono raggruppate e sostenute da politici che credono nella visione a lungo termine. Oltre all'acquisizione di competenze attraverso una discussione sulle opportunità di interfaccia, ciò richiede anche un radicamento socio-scientifico nella società altoatesina.[22] Lo scopo è di collezionare gli strumenti per l'innovazione che spuntano costantemente e sempre di nuovo, e di metterli a disposizione, in tempi brevi, di tutti quelli che ne vogliono usufrire nella loro gestione della provincia.

Tre domande pratiche

In questo contesto, che rimarrà fluido e mobile nei prossimi anni, ci sono tre principali questioni pratiche da affrontare in prospettiva:

- Quali sono le possibilità di azione per il percorso dell'Alto Adige verso un futuro tecnologico coordinato e generalmente accessibile?
- Quali strumenti potrebbero essere utilizzati a questo scopo?
- Ci sono esempi particolarmente promettenti?

Le risposte devono concentrarsi su modelli orientati all'implementazione e su esempi di "best practice" collaudati. Il motto deve essere: Dalla stratosfera (della visione) alla strada (dell'attuazione). Dove si possono trovare modelli di riferimento per una visione tecnologica altoatesina orientata all'applicazione? Nella ricerca della praticabilità, 1. i principi strategici generali 2. gli strumenti applicativi devono essere messi in relazione tra loro.

1. Principi generali

Molti contributi scientifici hanno illustrato il ritardo nello sviluppo tecnologico in alcuni paesi dell'UE, come la Germania, dimostrando che i problemi di innovazione sono stati preceduti da proiezioni future unilaterali o comunque non sufficientemente integrate[23]. Allo stesso tempo, è emerso un programma di innovazione in 8 punti raccomandato fino al 2030 nel "Manifesto del futuro" da due esperti di tecnologia e imprenditori:

1. spirito pionieristico;
2. rete globale di talenti;
3. investimenti in tecnologie future;

4. creazione di un "Fondo sovrano", ovvero un portafoglio ad alto rendimento per il finanziamento dell'innovazione;
5. più incentivi fiscali per la ricerca e lo sviluppo;
6. iniziativa di educazione all'imprenditorialità;
7. creazione di marchi universitari di livello mondiale;
8. digitalizzazione delle "basi".[24]

Tutto questo è stato raccomandato con una forte attenzione all'innovazione tecnologica – soprattutto quella che ha un effetto "trasversale", cioè quella che guida l'innovazione anche in più settori. Questo perché il driver tecnologico più importante: l'intelligenza artificiale nelle sue forme di applicazione sempre più ramificate, non solo rimodellerà radicalmente le aziende come parte di una massiccia "accelerazione"[25], ma costringerà anche le istituzioni pubbliche a sviluppare e implementare "modelli organizzativi di dati e IA ad alte prestazioni"[26] per stare al passo con i tempi.

Ampliare le linee guida per l'innovazione

In questo contesto ampiamente nuovo, non c'è motivo per cui gli 8 punti non debbano essere utilizzati come (ulteriore) supporto di orientamento per lo sviluppo tecnologico dell'Alto Adige nell'ambito di una visione tecnologica aperta. Dopotutto, questi punti sono punti di partenza e di arrivo per le regioni.

Considerando gli 8 punti, non sarebbe certo una cattiva idea pensare all'l'istituzione di una "agenzia comune per le innovazioni balzane"[27] (SPRIND) come la Germania, "che scopre e contemporaneamente promuove tecnologie particolarmente dirompenti"[28]. Ciò potrebbe essere fatto in cooperazione tra le regioni o a livello nazionale o addirittura transnazionale in cooperazione con regioni limitrofe in Italia, Austria e Svizzera.

Tuttavia, l'Alto Adige può prendere in considerazione anche altre forme istituzionali di collegamento adeguate o indipendenti, o addirittura un proprio centro di competenza "Tecnologie del futuro" con un ancoraggio istituzionale regionale. Nulla impedisce di attrarre finanziamenti dall'UE a tal fine – dopo tutto, l'UE stessa sta spingendo molto per concentrarsi sull'"innovazione tecnologica" nei programmi di innovazione e per la regionalizzazione delle tecnologie future.

Ricerca e priorità universitarie dei studi futuri oggi esistono a università rinommate e potrebbero fungere da ispirazione:

1. il Programma di Master e Dottorato in Studi sul Futuro della Facoltà di Economia dell'Università di Turku in Finlandia[29] e il suo centro semi-autonomo *Finland Futures Research Center*[30] (FFRC), fondato da un'associazione di università di ricerca,
2. il "College of Global Futures" dell'Arizona State University negli USA[31], che ha un proprio laboratorio "Global Futures"[32] con un "Center for the Study of Futures"[33].

La cooperazione con entrambi potrebbe attirare ulteriori finanziamenti internazionali in Alto Adige.

Inserimento delle innovazioni tecnologiche nella società

Anche in Alto Adige le innovazioni tecnologiche arriveranno più velocemente di quanto molti si aspettino. Quando a febbraio la stampa locale ha riportato la notizia che robot umanoidi entreranno presto nei settori del turismo e della ristorazione della regione[34], si trattava solo della punta dell'iceberg. Nuove tecnologie come la computer vision sono ora oggetto di discussione anche presso gli istituti di istruzione privati del territorio[35]. Sviluppi come:

1. l'automazione IA dei trasporti pubblici per ridurre il carico di lavoro e il numero di controllori (esempio Londra[36]),
2. l'"IA-fication" del sistema di assicurazione sanitaria pubblica (esempio Austria[37]),
3. l'automazione delle previsioni meteorologiche regionali (esempio Francia[38]),
4. l'uso sistematico dell'IA nella ricerca – storica e attuale – di persone (esempio Cile[39]),
5. controversie legali relative alle informazioni sul traffico da parte dei chatbot e al risarcimento dei danni (esempio Canada[40]),
6. l'attacco di folle di persone alle auto a guida autonoma che causano incidenti (esempio USA[41])

potrebbero in futuro anche sorgere da noi. Anche il fatto che in futuro l'IA provvederà l'informazione preliminare per le decisioni è dietro l'angolo[42]. La rivoluzione dell'IA interesserà tutti i settori della società e probabilmente avverà meno "top-down", cioè controllata e su larga scala, ma piuttosto "bottom-up", cioè partendo da singoli sviluppi nella vita quotidiana e creando gradualmente una rete di applicazioni che alla fine caratterizzeranno un'intero "sistema" IA.

Ciò avverrà con tutti i vantaggi e gli svantaggi e con tutte le conseguenze sociali. Per fare una "politica lungimirante" è opportuno studiare sistematicamente i numerosi esempi provenienti da altre regioni e istituire un centro di competenza o un gruppo di studio che prepari i risultati, compresi i "pro e i contro", per i decisori altoatesini e fornisca loro informazioni aggiornate in modo costante.

La ricerca interna e la raccolta di dati potrebbero accompagnare questo trasferimento permanente di approfondimenti. Le istituzioni scientifiche altoatesine sono ben attrezzate per questo e stanno già facendo un ottimo lavoro.

Riprendere progetti validi del passato e imparare dalla ricerca comparativa

In tutto questo, non è sempre necessario reinventare la ruota. Oltre alla continuazione della ricerca d'avanguardia esistente, che sta ottenendo sempre nuovi successi, e agli sviluppi indipendenti di format innovativi, nei prossimi anni l'Alto Adige potrebbe fare da apripista alla regionalizzazione degli approcci di anticipazione dell'UE. Un esempio di aggiornamento "regressivo" potrebbe essere il progetto UE "Globalizzazione, politiche ottimali e crescita" del 2009-2014.[43] In questo periodo ha analizzato

> "le sfide che i responsabili politici devono affrontare a causa del ritmo sempre più rapido della globalizzazione e dell'importanza della creazione di conoscenza per la prosperità. I ricercatori hanno scoperto che nell'innovazione sequenziale le politiche ottimali dovrebbero trovare un equilibrio tra la protezione dei rendimenti dell'innovazione e la possibilità di una rapida diffusione e standardizzazione delle nuove tecnologie. L'equilibrio ottimale dipende dal grado di globalizzazione e dalla forma di trasferimento tecnologico."[44]

Questa ricerca si è concentrata su una "discrepanza" che è ancora una volta – e per molti aspetti più acutamente – evidente a livello regionale al giorno d'oggi.

> "La base dell'analisi è stata la crescente discrepanza tra leader politici ed economici causata dalla globalizzazione. A sua volta, questa discrepanza richiede un cambiamento nella struttura politica che ridistribuisce il potere da responsabilità centralizzate a responsabilità sovrapposte. Nel complesso, il progetto ha messo in evidenza il grande compito che le società e le istituzioni politiche moderne devono affrontare"[45].

Questo compito è ancora valido oggi, forse ancor più di quando questo progetto è stato completato un decennio fa. La produzione ciclica di risultati di ricerca sullo stesso argomento a determinati intervalli crea valori comparativi. Poiché gli effetti della globalizzazione tecnologica sono oggi in rapido aumento, si potrebbe ora riapplicare un progetto del genere alle condizioni fortemente mutate di oggi – e imparare dal confronto di dati, aspettative ed esperienze spostate nel tempo.

Interfaccia tecnologia – arte – etica

Anche l'arte contemporanea, che per molti aspetti si relaziona con le nuove tecnologie, si ritrova in queste interfacce. È quindi importante considerare l'arte e la tecnologia nelle loro interrelazioni e in una visione d'insieme. Nell'esplorazione e nella promozione di questa interfaccia, i privati in Alto Adige sono da anni all'avanguardia con un ampio orizzonte futuro e una saggezza anticipatrice.

Ne è un esempio l'opera di M.C. Escher (1898-1972), probabilmente uno degli artisti più importanti al mondo per il futuro della civiltà tecnologica. I diritti della sua opera, che per molti versi anticipa un futuro a sei dimensioni dominato dall'intelligenza artificiale, sono (anche) in mani altoatesine dal 2023[46]. Se la tecnologizzazione continuerà a progredire al ritmo attuale, questo potrebbe rivelarsi "l'investimento" per eccellenza nel futuro del mercato (storico) dell'arte. Per l'Alto Adige, oltre a licenze già detenute nell'ambito delle applicazioni *Blockchain* e AI, potrebbe rivelarsi un colpo di fortuna. La competenza artistica avrà anche un impatto positivo se l'etica socio-artistica applicata contribuirà alla realizzazione dei "sette principi nolaniani della vita pubblica": altruismo, integrità, obiettività, responsabilità, apertura, onestà e leadership[47]. La sensibilità artistica per le dimensioni interiori della civiltà tecnologica, come esemplificato da M. C. Escher, può essere il collegamento. Ciò è stato dimostrato, per esempio, dalla più grande mostra di opere di Escher che si tiene è tenuta a Palazzo Bonaparte a Roma dall'autunno 2023 alla primavera 2024[48].

D'altro canto, è importante avere una visione differenziata della futura struttura del settore artistico, ad esempio per quanto riguarda il futuro finanziamento pubblico dell'arte. Se l'intelligenza artificiale produrrà "arte" in futuro, come il robot umanoide AI-da alla Biennale d'Arte di Venezia del 2022, è necessario distinguere tra arte umana e arte meccanica per evitare che il settore dell'arte entri in una rottura. Ci sono ora esempi di ripensamento del settore in base alle condizioni delle tecnologie future – tra cui, come già detto, il decreto del Ministero della Cultura spagnolo del febbraio 2024, secondo cui nessuna opera d'arte "interamente e integralmente" creata dall'IA potrà ricevere un premio d'arte[49]. Sebbene si tratti di un approccio basato su una formulazione debole che lascia aperte molte scappatoie e "ibridi" perché il termine "interamente e integralmente" rimane una questione di interpretazione, esso mostra l'inizio di una rivalutazione che l'Europa e con esso l'Alto Adige non potranno evitare.

L'etica del necessario

L'etica in senso lato poi solleva ulteriori questioni da discutere. Se le iniziative rilevanti fanno riferimento ai quattro punti focali del NOI pubblicato nel marzo 2023, la dimensione etica è assicurata. Ci saranno poche polemiche perché in Alto Adige c'è accordo sulla maggior parte degli aspetti della sostenibilità.

Tuttavia, un tema in espansione potrebbe essere la connessione più forte tra sostenibilità e resilienza, che è diventata una sfida importante a tutti i livelli organizzativi in Europa e nel mondo a seguito di crisi recenti come la pandemia di Covid-19. L'etica della resilienza e quella della sostenibilità presentano qualche volta aspetti diversi, a volte addirittura opposti. Mentre la resilienza si concentra maggiormente sulla stabilità e sulla salvaguardia dello status quo, la sostenibilità è più incentrata sulla trasformazione sistemica. Per questo motivo, oggi i campi della sostenibilità e della resilienza sono talvolta addirittura in contrapposizione. Portarli in dialogo per trovare una via di mezzo ragionevole può stabilire una discussione socio-etica fruttuosa: dove rafforzare la "resistenza"? E dove attuare attivamente la trasformazione? Entrambi gli interventi possono essere fortemente correlate alle tecnologie future. I risultati possono introdurre aspetti positivi di differenziazione. Questo vale, ad esempio, per il mercato del lavoro, che in Alto Adige – soprattutto nel settore tecnologico – è caratterizzato da più "non nativi"[50]. Le implicazioni e le conseguenze di questo fenomeno possono essere discusse tra i poli della sostenibilità e della resilienza.

Un'altra proposta potrebbe essere quella di stabilire collaborazioni a lungo termine con tecnologie all'avanguardia che non sono rappresentate nel NOI Park, e di creare strutture "ibride" come un sistema di ethics fellows. Anche la creazione di un forum di giovani e di un centro etico in senso attivamente inter- e transdisciplinare, forse non dissimile da "Scienza e Responsabilità" dell'Università di Innsbruck, che in passato era un gruppo di lavoro del Senato con il coinvolgimento di rappresentanti degli studenti, potrebbe fornire idee per sviluppi interni.

Un terzo tema che sta diventando sempre più importante a livello internazionale è il collegamento più esplicito e specializzato tra etica e discorsi sul futuro. Questo viene ora richiesto da molti esperti, ad esempio in occasione di importanti eventi come il World Future Forum di Dubai[51] o la Conferenza mondiale della World Federation for Futures Studies di Parigi.[52] L'opinione comune è che ciò che finora è stato trascurato nei concetti di etica sono gli studi e la ricerca sul futuro, compresa l'alfabetizzazione al futuro (*Futures Literacy*[53]) e la governance dell'innovazione anticipatrice (*Anticipatory Innovation Governance*[54]), di cui abbiamo già parlato nel capitolo 2.

Tuttavia, le scienze che si dedicano al futuro diventeranno anche più importanti come piattaforme per la convergenza dell'inter- e transdisciplinarità. Alcuni dicono addirittura che diventeranno l'effettiva forma di convergenza delle scienze naturali, sociali e umane[55], e questo diventerà sempre più inevitabile quanto più velocemente progredirà l'"era dell'accelerazione (tecnologica)"[56]. Il risultato sarà una "società transdisciplinare"[57]. In questo caso, come Dubai e Parigi hanno dimostrato ancora una volta in modo impressionante nel 2025, il "futuro" sarebbe un tema centrale per il riorientamento dell'etica orientata ai fenomeni del futuro. L'aspetto dell'integrazione tra futuro e pensiero etico dovrebbe essere considerato soprattutto quando si parla di un concetto di etica pluriennale.

Lo dimostra anche la recente riprogettazione degli approcci etici dell'UNESCO, che si concentra sull'intersezione tra scienza, tecnologia ed etica[58].

Naturalmente, tutte queste sono solo suggerimenti aperti. Non intendono sostituire nulla di ciò che già esiste, ma aiutarci ad aggiungere altre tasselle potenzialmente utili – forse solo in vista degli anni successivi.

Primi creatori o primi adattatori?

Alla luce di queste circostanze, la domanda che rimane è: l'Alto Adige può, vuole o deve essere un pioniere o addirittura un *prime mover* nelle nuove tecnologie, o sarebbe meglio diventare un *early adopter*?

Dal punto di vista della visione tecnologica più realistica possibile per l'Alto Adige, la risposta è mista. Come piccolo spazio vitale con risorse limitate, l'Alto Adige dovrebbe essere all'avanguardia in alcune nicchie, ma non dovrebbe nemmeno essere troppo veloce nell'introdurre le ultime tecnologie in modo generalizzato. A volte gli "early adopters" sono meglio dei "prime movers", perché minimizzano i rischi e aumentano le probabilità di un'implementazione di tecnologie avanzate basata su un'esperienza consolidata. Inoltre, gli sforzi di investimento si riducono e la promozione mirata di aree di innovazione "sicure" può essere compensata dalla creazione di start-up.

In Alto Adige, la massima "early adopters" piuttosto che "prime movers" si applica soprattutto a settori come l'uso dell'IA e dei chatbot nell'istruzione. Un'introduzione troppo frettolosa nel settore della scuola e dell'istruzione non sarebbe appropriata, viste le prospettive finora poco chiare e la gamma eccezionalmente ampia dei loro effetti. La raccomandazione di non procedere troppo rapidamente, ma in modo graduale è stata recentemente sottolineata nel Rapporto mondiale sull'istruzione 2023 dell'UNESCO[59]. Una via di mezzo è probabilmente l'opzione migliore. Nonostante l'attuale euforia, molto resta da vedere e osservare.

Ad esempio, come ha scritto l'organizzazione non governativa (ONG) *AlgorithmWatch* di Berlino nel suo bollettino periodico sulla "Società automatizzata" nel febbraio 2024, l'ampia euforia per l'IA[60] sta penetrando nei campi della formazione. A livello internazionale vediamo

> "l'uso dell'intelligenza artificiale per misurare il rendimento degli studenti. Non si sta parlando di "riconoscimento delle emozioni", ma di un software che potrebbe tracciare i progressi accademici degli studenti e scansionare i loro movimenti per valutare se la loro motivazione sta calando. Singole università avevano già lavorato a un progetto simile nel 2018, ma non prevedeva l'analisi delle immagini in tempo reale."[61]

Secondo Algorithm Watch, ci sono altri esempi di approcci prematuri all'uso dell'IA nell'istruzione:

> "Non è la prima volta (né sarà l'ultima) che le istituzioni scolastiche giocano con i sistemi di riconoscimento facciale e delle emozioni. Alcune scuole secondarie in Francia sono state costrette a vietare il riconoscimento facciale in ambito scolastico. In Danimarca gli insegnanti utilizzano applicazioni per misurare il "paesaggio dell'umore" degli alunni della scuola primaria. Le app sono costate al governo milioni di corone. In Spagna, quasi tutte le regioni autonome hanno incluso gli strumenti scolastici nelle loro strategie di intelligenza artificiale. Hanno in programma di migliorare le carriere accademiche degli studenti analizzando la storia dei voti o misurando il loro comportamento in tempo reale. Nessuna di esse ha effettivamente messo

in pratica questo progetto, ma sembra corretto affermare che lo faranno. Le scuole non sono del tutto esenti da tentativi, considerando che anche l'Organizzazione per la Cooperazione e lo Sviluppo Economico (OCSE) sta spingendo l'intelligenza artificiale a "valutare le conoscenze" e "misurare le emozioni".[62]

Secondo *AlgorithmWatch*, ci sono ragioni per cui l'IA dovrebbe essere usata con cautela in classe, anche se promette progressi nell'apprendimento e nel comportamento:

> "L'uso dell'intelligenza artificiale per prevedere il comportamento delle persone o per interpretare il loro stato emotivo si basa fondamentalmente sul presupposto che l'espressione delle emozioni sia universale e limitata a sei stati di base. Questo assunto è scientificamente insostenibile. Un sorriso non è sempre sinonimo di felicità, così come una varietà di espressioni emotive può indicare rabbia. Anche quando i sistemi automatici sono in grado di riconoscere un'espressione, non sanno esattamente cosa farne. Tuttavia, alcuni appassionati confidano che l'IA possa non solo interpretare le emozioni umane, ma anche prevedere il comportamento delle persone e prendere decisioni in base a questo. La legge sull'IA recentemente adottata [Legge sull'Intelligenza Artificiale dell'UE[63]] vieta i sistemi di riconoscimento delle emozioni nelle scuole, ma prevede eccezioni per motivi "medici" o di "sicurezza". Resta da vedere se la legge sull'IA proteggerà studenti e alunni dalla sorveglianza".[64]

Nel complesso, ciò significa che l'Alto Adige potrebbe essere un "prime mover" in singole aree selezionate, come i quattro punti focali del NOI o specifiche aree di nicchia come la pianificazione territoriale supportata da sensori o le applicazioni dell'integrazione uomo-macchina [65]. Tuttavia, essendo una realtà piccola e sensibile, dovremmo essere piuttosto cauti nell'introdurre in modo generalizzato tecnologie "prime mover" e, in caso di dubbio, essere piuttosto un "early adopter" di queste tecnologie.

Il settore scientifico in condizioni di AI e chatbot

Come nel resto d'Europa, anche in Alto Adige si prospetta una trasformazione nell'integrazione tecnologica della conoscenza. Il fatto è che l'attuale uso dei chatbot nelle traduzioni o addirittura nella prima stesura di domande di ricerca o pubblicazioni, corrisponde all'uso finora non regolamentato nelle istituzioni culturali. Ciò rende difficile, da un lato, il giudizio sulle prestazioni e, dall'altro, la gestione del diritto d'autore, mettendo così in discussione il funzionamento di base di un intero settore della società, fondamentale per la trasparenza e l'orientamento ai fatti delle società aperte. Occorre quindi trovare delle regole a livello internazionale (ONU, UNESCO, OCSE) e europeo (UE), e, ove possibile, introdurle con il coinvolgimento attivo delle parti interessate per evitare incertezze.

Nel febbraio 2023, la società di consulenza internazionale Enago ha pubblicato una prima valutazione, simile a una panoramica, dei cambiamenti nel campo della scienza, utilizzando l'intelligenza artificiale in generale e i chatbot come ChatGPT in particolare come guida alle sfide future[66]. La valutazione raccomanda una discussione all'interno delle istituzioni scientifiche per arrivare a regolamentazioni inizialmente interne e poi congiunte nel medio termine.

Tra le "capacità" dei chatbot in ambito scientifico, il rapporto Enago segnala la "generazione di testo contestuale in più tentativi", il miglioramento del riferimento contestuale alla provenienza dell'utente e il supporto linguistico[67]. Tra i "limiti", il rapporto elenca l'insufficiente capacità di specializzazione del dominio, la mancanza di riferimenti alle fonti di informazione, il rischio di disinformazione, l'adozione e il rafforzamento di pregiudizi nei processi di apprendimento dell'IA, la ripetizione e il riutilizzo di dati esistenti (plagio) e "risultati fantasiosi ma errati" (le cosiddette allucinazioni digitali)[68].

Secondo Enago, "applicazioni sia ad alto rischio che sicure di ChatGPT e di altri modelli di IA generativa"[69] sono possibili praticamente in tutte le fasi e le aree della ricerca e della produzione scientifica. Le possibilità di applicazione coprono un ampio spettro, dalla generazione di ipotesi, alla progettazione della ricerca, alla ricerca della letteratura e alla raccolta dei dati, fino alla stesura di un manoscritto, alla ricerca del plagio nei documenti scientifici e persino all'evaluazione paritaria della qualità scientifica. Il rapporto identifica anche i due problemi principali associati all'uso dei chatbot e dell'IA nella scienza e nell'istruzione come segue:

1. questioni di responsabilità e paternità intellettuale,
2. preoccupazioni etiche.

Secondo gli autori, entrambi possono portare a una serie di "conseguenze potenzialmente negative per un'organizzazione o una pratica". Tra queste, il rapporto cita la "minaccia al pensiero critico" posta dall'automazione dei chatbot, il rischio di pubblicare informazioni inesatte o false, la diffusione (involontaria) di pregiudizi, tutta una serie di problemi legali e di responsabilità, nonché le minacce alla privacy e le sfide alla sicurezza dei dati[70].

L'aumento delle cause contro i chatbot e le loro società madri per plagio e commercializzazione di contenuti di terzi – tra cui quella del New York Times nel dicembre 2023[71] e quella di Elon Musk nel febbraio 2024[72], entrambe contro la società madre di ChatGPT OpenAI – dimostra che questi problemi non possono essere liquidati a priori. In ogni caso, gli avvertimenti contro un uso "ingenuo" sono in aumento. Lisa Messeri (Yale) e M. J. Crockett del Centro universitario per i valori umani dell'Università di Princeton scrivono, ad esempio:

> "Gli scienziati immaginano con entusiasmo come gli strumenti di intelligenza artificiale (IA) possano migliorare la ricerca. Ma perché gli strumenti di IA sono così attraenti e quali sono i rischi di introdurli nella pipeline della ricerca? Nella tassonomia delle visioni degli scienziati sull'IA, notiamo che il suo fascino deriva dalla promessa di migliorare la produttività e l'obiettività superando le carenze umane. Tuttavia, le soluzioni di IA proposte possono anche sfruttare i nostri limiti cognitivi e renderci suscettibili di illusioni che ci fanno credere di conoscere il mondo più di quanto in realtà sappiamo. Tali illusioni oscurano la capacità della comunità scientifica di riconoscere la formazione di monoculture scientifiche in cui certi tipi di metodi, domande e prospettive dominano gli approcci alternativi, rendendo la scienza meno innovativa e più incline all'errore. La proliferazione degli strumenti di IA nella scienza rischia di farci entrare in una fase della ricerca scientifica in cui produciamo di più ma capiamo di meno. Dobbiamo iniziare la discussione sulla produzione responsabile di conoscenza nell'era dell'IA"[73].

A medio termine, anche in Alto Adige sarà necessaria una "Alleanza per l'uso dell'IA nella scienza, e nell'istruzione" per affrontare questi temi. Questa potrebbe essere modellata sull'esistente "Alleanza per la ricerca e l'educazione alla sostenibilità in Alto Adige"[74]. Lo scambio tra scienza e scuola può costituire un asse centrale per lo sviluppo di regole d'uso, in quanto entrambi si confrontano direttamente con le questioni rilevanti su base quotidiana.

Una cosa è certa: l'"approccio risolutivo" già avviato in Francia e in Polonia, ad esempio, di rinunciare alla stesura delle tesi di laurea nelle università perché queste sono già in gran parte (co)scritte da chatbot, non è una soluzione. Dimostra solo i problemi di un sistema di istruzione, qualificazione e riferimento accademico che non era preparato per la trasformazione dell'IA e dei chatbot.

Nuovi metodi per testare scientificamente i chatbot e l'IA

Ma anche il processo inverso, ovvero la sperimentazione di sistemi algoritmici come i chatbot *da parte* degli scienziati, dovrà sviluppare nuovi metodi. Finora, gli approcci "a scatola nera" sono stati al centro dell'attenzione. Questi prevedono che scienziati diversi, provenienti da contesti e geografie differenti, pongano le stesse domande a un chatbot e poi verifichino le risposte in termini di etica, verità ed efficienza, adattandole all'ambiente e al richiedente. Ma questi approcci si sono dimostrati limitati e spesso parziali, secondo i ricercatori del MIT, di Harvard e del *Centre for the Governance of AI*[75]. Poiché molti dei "creatori" di chatbot affermano che i processi che portano a una risposta sono ormai troppo complessi e ad alta intensità di dati persino per loro, e non sono dunque più pienamente comprensibili, è necessario intervenire. Ciò è fondamentale non solo per l'uso scientifico dell'intelligenza artificiale, ma anche per l'uso legale, finanziario, assicurativo, giornalistico e, in futuro, politico e sociale dei chatbot[76].

Adattare le politiche sociali dell'Alto Adige alle normative tecnologiche dell'UE

Alla luce di queste tendenze e sfide, non c'è dubbio che una nuova ondata di normative sull'IA sia imminente[77]. È altrettanto indubbio che alcune delle normative stesse saranno create e attuate dall'IA e con l'IA. Si può considerare un'ironia della storia il fatto che l'IA, pur essendo regolamentata dalla legge, contribuisca contemporaneamente a migliorare e a "ripulire" le leggi esistenti in modo comparativo, diventando così una paradossale normalità.

Tuttavia, la regolamentazione istituzionale delle tecnologie del futuro è ancora largamente carente, sebbene vi siano sempre più proposte in tal senso[78]. In questo contesto, l'Italia e tutti gli altri stati dell'Unione Europea saranno chiamati ad adeguarsi e ad attuare le normative che l'UE ha avviato negli ultimi anni. Resta da vedere in che misura l'Alto Adige possa e debba fare la sua parte, almeno per quanto riguarda l'attuazione degli aspetti pratici nel contesto dell'autonomia. Così come la legislazione altoatesina si è orientata ai 17 SDGs dal 2021 nell'ambito della Strategia di sostenibilità della Provincia[79] con i suoi sette campi d'azione[80], ora è importante allineare le pratiche nel settore tecnologico alle direttive quadro emergenti per il futuro tecnologico dell'UE.

Discussa dall'aprile 2021, la "legge sull'intelligenza artificiale" dell'UE[81] è uno dei quadri giuridici più importanti. Si tratta di una delle prime e più esemplari leggi di questo tipo al mondo. Il Parlamento europeo ha dato il via libera all'implementazione a metà marzo 2024. Questa legge quadro è dedicata alle prime "norme complete per un'intelligenza artificiale affidabile"[82]. La legge classifica i sistemi di intelligenza artificiale in gruppi di rischio. Più alti sono i rischi di un'applicazione, più alte devono essere le misure di protezione. A tal fine, i Paesi partecipanti devono sviluppare e attuare misure sanzionatorie. I singoli regolamenti comprendono:

- "misure di protezione contro il possibile emergere di un'intelligenza artificiale generale;
- limitare l'uso dei sistemi di identificazione biometrica da parte delle autorità di polizia;
- divieto di *Social Scoring* [cioè, la valutazione del comportamento sociale di persone fisiche o giuridiche allo scopo di prevedere o controllare il comportamento] e di IA che può essere utilizzata per manipolare o sfruttare le vulnerabilità degli utenti;
- diritto dei consumatori a presentare reclami e a ricevere spiegazioni significative in merito all'IA;
- multe da 35 milioni di euro o 7 % del fatturato".[83]

Come è stato dichiarato, quando la legge è stata annunciata,

> "gli eurodeputati hanno concordato con il Consiglio Europeo un progetto di legge quadro sull'IA per garantire che l'IA in Europa sia sicura, rispetti i diritti fondamentali e la democrazia, consentendo al contempo alle imprese di prosperare ed espandersi … Questo regolamento mira a garantire che i diritti fondamentali, la democrazia, lo stato di diritto e la sostenibilità ambientale siano protetti dall'IA ad alto rischio, promuovendo al contempo l'innovazione e facendo dell'Europa un leader in questo campo. Le norme stabiliscono obblighi per l'IA in base ai suoi potenziali rischi e impatti."[84]

Gli "usi proibiti" che il rispettivo legislatore deve garantire siano evitati nell'UE includono, tra gli altri, i seguenti:

- sistemi di categorizzazione bio- e sociometrica che utilizzano caratteristiche sensibili (ad esempio, convinzioni politiche, religiose, filosofiche, orientamento sessuale o razza);
- lettura non mirata di immagini facciali da Internet o da filmati di sorveglianza per creare database di riconoscimento facciale;
- il riconoscimento delle emozioni sul posto di lavoro e nelle istituzioni educative;

– punteggio sociale basato sul comportamento sociale o sulle caratteristiche personali;
– sistemi di intelligenza artificiale che manipolano il comportamento delle persone per eludere il loro libero arbitrio;
– IA che viene utilizzata per sfruttare le vulnerabilità delle persone (a causa della loro età, disabilità, situazione sociale o economica).[85]

In questo modo, l'UE vuole differenziarsi da stati autoritari come la Cina in particolare, che non divietano questi usi nelle loro società. L'UE ha anche definito alcune eccezioni a queste regole. Queste includono l'uso dell'IA per scopi di polizia o in caso di pericolo imminente. L'obbligo per le rispettive autorità pubbliche di mettere preventivamente in sicurezza i sistemi di IA ad alto rischio e di introdurre determinate regole per l'ulteriore sviluppo dell'IA, in modo che non sfugga al controllo nel medio-lungo termine, sono anch'essi elementi centrali della legge. Tuttavia, la maggior parte di questi elementi costitutivi è formulata in modo molto generico e deve essere integrata in regolamenti specifici nelle varie aree di applicazione.

L'Alto Adige sarà, potrà o dovrà essere attivo nel campo della diplomazia digitale?

Nell'"era dell'incertezza"[86], come viene definito il presente negli ambienti delle scienze politiche e sociali, stanno emergendo nuove forme di diplomazia. Accanto alla diplomazia economica e alla diplomazia scientifica, da qualche tempo sta emergendo un altro nuovo campo. Potrebbe aprire nuovi spazi per l'Alto Adige: La diplomazia digitale. Infatti, iventa ogni anno più importante "l'intersezione tra tecnologia, sostenibilità e apprendimento globale. Sebbene i programmi di scambio e mobilità virtuale siano componenti essenziali dell'internazionalizzazione digitale, sono solo un aspetto di un movimento più ampio verso una maggiore integrazione delle tecnologie digitali nell'Istruzione internazionale. La realtà virtuale e aumentata, l'intelligenza artificiale e i chatbot stanno cambiando il panorama a un ritmo rapidissimo. Dobbiamo considerare la miriade di modi in cui la tecnologia ha un impatto su tutti gli aspetti dell'internazionalizzazione, creando sia aree di difficoltà che aree di grande potenziale"[87].

Per diplomazia digitale si intende l'uso consapevole dell'innovazione digitale per generare valore aggiunto politico, ad esempio attraverso la cooperazione strategica. Per l'Alto Adige, la diplomazia digitale in questo senso è importante in ambito europeo e regionale, ma anche nella collaborazione con le istituzioni nazionali nell'attuazione delle direttive quadro dell'UE, che nei prossimi anni si estenderà dall'IA ad altri settori limitrofi. Utilizzare la digitalizzazione per creare "ecologie inclusive della conoscenza"[88] sta diventando sempre più importante. Per questo motivo le Nazioni Unite stanno attuando un "Patto per il futuro" globale[89], che è stato adottato al "Summit del futuro"[90] nel settembre 2024. Esso contiene forti elementi di diplomazia digitale e potrebbe anche portare a uno o più nuovi Obiettivi di Sviluppo Sostenibile (SDG) delle Nazioni Unite. L'espansione dei 17 Obiettivi di Sviluppo Sostenibile delle Nazioni Unite per includere diversi obiettivi tecnologici caratterizzerà la discussione nei prossimi anni. Questi possibili nuovi SDG includono la democratizzazione degli algoritmi, la digitalizzazione equa per tutti e la coesistenza umana con l'intelligenza artificiale. L'Alto Adige può unirsi a questi obiettivi e forse anche essere uno dei pionieri della loro attuazione.

C'è bisogno di una propria strategia di investimento tecnologico?

Infine, ma non meno importante, un aspetto economico della tecnologia avanzata è sotto gli occhi di tutti per quanto riguarda il finanziamento, i diritti economici e la condivisione dei profitti. La questione se l'Alto Adige abbia bisogno di una propria strategia di investimento tecnologico a lungo termine attraverso la condivisione di opportunità e rischi a livello rimane aperta.

Qui tra le altre, due domande risultano fondamentali: l'Alto Adige ha bisogno di una propria strategia per le criptovalute, come altri Paesi e regioni stanno perseguendo da tempo? E: l'Alto Adige deve partecipare ai nuovi ecosistemi di investimento emergenti con un potenziale di crescita elevato – come l'emergente economia spaziale attraverso la Banca UE per gli investimenti in Lussemburgo, che dal 2019 sta aprendo la strada sia politicamente che giuridicamente[91]? E se sì, come?

Anche in questo caso potrebbe valere il principio del "early adopter" e non del "prime mover". La creazione di incentivi per le grandi aziende internazionali affinché vengano in Alto Adige[92], d'altra parte, non sono probabilmente una soluzione per quanto riguarda le tecnologie future. Possono avere un senso a livello strategico nazionale; l'Alto Adige, in quanto provincia autonoma, ha bisogno di motori di innovazione più capillari, auto-innovativi e adattati all'ambiente, non dell'importazione artificiale di aziende globali che potrebbero operare anche altrove.

2. Strumenti pratici applicati

Partendo da queste premesse, è ora il momento di indicare qualche strumento concreto che l'Alto Adige potrebbe introdurre da subito per promuovere ulteriormente le tecnologie del futuro nel contesto di una visione dinamica. Si tratta, senza eccezioni, di strumenti già esistenti e con i quali si è già fatta esperienza.

Orientamento a rapporti quadro

Un quadro di riferimento per la visione complessiva della società tecnologica auspicabile che ci attende è fornito da due dei migliori rapporti sulle tecnologie del futuro attualmente disponibili, orientati alle applicazioni. Si tratta dei due rapporti del "Comitato per il futuro" del Parlamento finlandese:

1. il rapporto "Trasformazione della società 2018-2037. 100 tecnologie radicali previste, 20 forme di design: Esempio Finlandia".[93] Questo rapporto di 480 pagine, destinato al parlamento e al governo finlandese, elenca le 100 tecnologie singole più importanti che avranno un impatto su tutte le società entro il 2037. Fornisce inoltre casi di studio su come queste tecnologie sono già state modellate in singoli ecosistemi tecnologici e su come possono essere modellate in nuovi ambienti. Il rapporto è innovativo per il livello di dettaglio, la completezza e la chiarezza, oltre che per la facilità di lettura e l'orientamento all'utente. Poiché la Finlandia, per molti aspetti, presenta nelle sue realtà individuali strutture su piccola scala simili a quelle dell'Alto Adige in termini di storia pluriculturale, i collegamenti reciproci sono evidenti.
2. Il rapporto "Verso un futuro migliore: opportunità e minacce tecnologiche per la promozione dello sviluppo sostenibile"[94]. Il breve rapporto di 70 pagine elenca le tecnologie future che possono aiutare la realizzazione di ciascuno dei 17 Obiettivi di Sviluppo Sostenibile (SDG) delle Nazioni Unite per il Parlamento e il governo finlandesi. Per alcuni dei 17 SDG, il rapporto prevede addirittura un approccio completamente nuovo utilizzando le tecnologie del futuro, mentre altri possono essere realizzati in tempi più brevi. A tal fine, il rapporto fornisce informazioni specifiche su come gli ecosistemi tecnologici corrispondenti possano essere creati dinamicamente e in una fase iniziale. Poiché l'Alto Adige ha fatto dei 17 obiettivi di sostenibilità il principio guida per il futuro nella sua Strategia di sostenibilità, è ancora una volta evidente la connessione reciproca tra tecnologia all'avanguardia e questioni di sostenibilità.

Entrambe le relazioni hanno il vantaggio di essere rilevanti dal punto di vista pratico e di essere già state attuate in singole misure concrete nei programmi governativi e parlamentari finlandesi, in collaborazione con le strutture scientifiche e le aziende finlandesi. Uno scambio, ad esempio nell'ambito di un "dialogo sul futuro" stabile e a lungo termine, è quindi ovvio. Il legame con l'UNESCO sia della Finlandia che dell'Alto Adige – entrambi con cattedre UNESCO in contatto tra di loro – può essere utile in questo senso.

Forse un effetto a lungo termine per l'Alto Adige potrebbe essere l'introduzione sistematica di strumenti di anticipazione simili a questi due rapporti sull'innovazione. A tal fine, si potrebbe costituire un pool della scienza regionale con l'agenzia di sviluppo regionale IDM, la Camera di Commercio, le associazioni di artigiani, imprenditori e fornitori di servizi, l'associazione dei comuni e altri. L'obiettivo a lungo termine potrebbe essere quello di combinare i contenuti dei due rapporti con le strategie regionali esistenti.

Strumenti e iniziative modello

A livello più direttamente applicativo, cinque strumenti provenienti, forse un pò sorprendentemente, dall'Emirato Arabo delDubai potrebbero essere interessanti per l'Alto Adige nel medio-lungo periodo:

1. l'"Indice di preparazione al futuro"[95]. Questo indice può essere utilizzato per misurare la preparazione al futuro dei cittadini, delle istituzioni e del governo. Si tratta di 68 parametri sviluppati dai commissari per il futuro di Dubai – la Dubai Future Foundation[96]. I dati possono essere raccolti tramite sondaggi e analisi di esperti. Hanno lo scopo di fornire un quadro accurato dello stato del futuro in una società e possono quindi aiutare a indirizzare e promuovere le tecnologie del futuro facendole servire l'avvenire in generale[97]. Il manuale può servire da orientamento per approcci simili in altre condizioni, ad esempio in Alto Adige[98].
2. Il programma di formazione in competenze sul futuro per i funzionari di alto livello di tutti i dipartimenti amministrativi e governativi, che può essere trasferito anche alle aziende[99]. Si tratta di un programma di formazione di 6 mesi, obbligatorio per tutti i dirigenti di Dubai. È generalmente richiesto per le posizioni manageriali nell'amministrazione e nel governo e consigliato per quelle nelle aziende e nelle organizzazioni private. La formazione è a pagamento, ma è sovvenzionata con fondi pubblici. Si svolge in due moduli consecutivi[100] da un corpo docente composto a livello globale. Qualcosa di

simile sarebbe possibile per promuovere la preparazione al futuro dell'Amministrazione provinciale, nonché per le reti manageriali altoatesine. Il fatto che la Dubai Future Foundation abbia pubblicato una propria rivista su questo e altri temi strategici costituisce un modello per un possibile forum di scambio, al quale anche l'Alto Adige potrebbe partecipare in futuro in forme adeguate.[101]

3. Il rapporto periodico del Dubai Future Committee "10 Megatrends"[102], presentato ad esempio nell'edizione 2025. Il rapporto descrive le principali tendenze da affrontare, con una forte attenzione alla politica di sviluppo. Fornisce informazioni su come queste influenzeranno i territori e su come rispondervi.
4. Sulla base di ciò, lo stesso Dubai Future Committee pubblica il "50 Global Future Opportunities Report"[103] (*The Global 50 Futures Opportunities Report*). È dedicato alla domanda su quali 50 opportunità emergano dagli attuali sviluppi futuri. Fornisce link e suggerimenti dettagliati.
5. Infine, Dubai sta lavorando a un "kit di strumenti per i responsabili politici" per quanto riguarda l'attuazione pratica del futuro.[104] L'obiettivo principale è quello di contribuire alla realizzazione olistica della trasformazione per raggiungere più velocemente i 17 Obiettivi di Sviluppo Sostenibile (SDGs)[105]. A tal fine, l'obiettivo è creare un "governo agile"[106], che probabilmente negli anni a venire sarà fortemente supportato dall'intelligenza artificiale e che lavora costantemente all'integrazione positiva delle tecnologie nel sistema amministrativo e statale.

Non c'è motivo per cui questi cinque strumenti non debbano essere testati per verificarne l'applicabilità in Alto Adige, naturalmente con aggiustamenti.[107] I cinque strumenti e le rispettive iniziative modello potrebbero essere trasferiti alla realtà locale con il supporto scientifico – sotto il coordinamento dell'Eurac o in gruppi di lavoro. Sarà fondamentale tenere conto delle differenze nei sistemi che sviluppano e applicano le tecnologie del futuro. Dubai è una monarchia assoluta (Emirato) che rivendica un futuro tecnologico radicale[108], mentre l'Alto Adige è una democrazia che rivendica un futuro sostenibile. Questo crea contesti di innovazione diversi. Tuttavia, uno scambio con il *Dubai Government Innovation Framework*[109], che molti considerano esemplare, potrebbe essere interessante. Uno scambio diretto con le esperienze che altre società hanno fatto con strumenti innovativi e forse ancora sperimentali e con il modo in cui questi strumenti sono stati sviluppati potrebbe essere fonte d'ispirazione.[110]

Comitati per il futuro

Un comitato sul futuro per il Consiglio provinciale e/o la Giunta provinciale, o in collaborazione tra i due, potrebbe ispirare il lavoro della rispettiva istituzione e fornire impulsi stimolanti al di fuori della routine. Il supporto scientifico e l'organizzazione potrebbero essere gestiti ancora una volta attraverso il canale della cattedra UNESCO altoatesina. Il comitato darebbe un impulso per il futuro regionale periodicamente, ad esempio due volte l'anno, e fornirebbe documenti di orientamento e di strategia con competenze e pareri non vincolanti e relazioni di esperti. I nomi dei futuri esperti sono numerosi e la maggior parte di essi ha già legami con l'Alto Adige e in particolare con l'Eurac. Ad esempio, Markku Wilenius, uno dei pionieri della ricerca sul futuro e dell'educazione al futuro in Finlandia, ha un forte legame con gli attuali sviluppi tecnologici e la corrispondente previsione di scenari futuri[111]. Anche il "padre" della moderna educazione al futuro dell'UNESCO, Riel Miller, è attivo con corsi per il già citato programma di formazione dei funzionari pubblici di Dubai e presso la Dubai Future Academy[112]. Miller ha forti legami con la Cattedra UNESCO dell'Eurac, dove è stato ospite[113]. Una solida rete per un eventuale "Comitato per il futuro" altoatesino sarebbe quindi già a disposizione.

Un'eventuale Comitato per il futuro potrebbe anche includere un gruppo di studio composto da soggetti interessati provenienti dal Consiglio e dalla Giunta provinciale e, in linea di principio, dalle istituzioni dell'Alto Adige. Il compito di questo gruppo sarebbe quello di visitare di volta in volta le migliori pratiche come gruppo misto per conto dell'interesse pubblico. Esempi come quello dell'amministrazione comunale di Boston sono tra i tanti che saranno disponibili nei prossimi anni. Il comune di Boston utilizza chatbot come ChatGPT in modo "antropico" per migliorare l'efficienza amministrativa della città. Finora, l'iniziativa ha già ottenuto un successo superiore alle aspettative in un periodo di tempo più breve[114].

Pacchetti di misure: prospettive per le amministrazioni

Nel complesso, da questi (pochi) elementi si potrebbe ricavare una serie di azioni o pacchetti di misure interconnesse:

1. Combinare la futura formazione dei dipendenti pubblici e dei manager, come a Dubai, con l'introduzione di chatbot per l'efficienza della pubblica amministrazione, come a Boston. Se possibile, ciò dovrebbe avvenire

in collaborazione tra diversi livelli amministrativi e decisionali. L'approccio *Anticipatory Innovation Governance (AIG)*, già presentato nel capitolo 2, potrebbe aprire molte opzioni in questo senso. Dato il rapido ritmo del cambiamento tecnologico, è probabile che qualcosa di simile accada comunque prima o poi.

2. L'interazione delle tecnologie future per la sostenibilità (Rapporto Finlandia 1) e della strategia per le 100 tecnologie radicali future anticipate (Rapporto Finlandia 2) con il piano d'azione per l'attuazione della Strategia di sostenibilità dell'Alto Adige[115]: e forse in particolare con il Piano per il clima Alto Adige 2040 del luglio 2023[116]. Qui ci sono molti punti di reciproca ispirazione e sostegno. Tecnologia e sostenibilità devono essere trasformate in un processo di convergenza. Questo aspetto è stato sottolineato in più punti anche nel Rapporto intermedio di sostenibilità dell'OCSE per l'Alto Adige nel novembre 2023[117].
3. La combinazione dell'introduzione dell'IA e dei chatbot per l'automatizzazione dei compiti di routine – come le traduzioni – con una strategia di differenziazione consapevole tra esseri umani e macchine: quali posizioni devono rimanere umane? Quali no? Nei prossimi anni diventerà un compito fondamentale stare al passo con le nuove tecnologie e al contempo tracciare i confini. A questo potrebbe servire l'istituzione di un gruppo etico intersettoriale sull'IA e l'automazione, la sua composizione – anche geograficamente – decentrata e la sua integrazione in un sistema di ombudsman. Il dibattito fondamentale su "IA e persone"[118] e "IA e politica"[119] potrebbe essere incentrato su una rete trasversale con altri consigli etici provinciali e nazionali.
4. La combinazione dell'attuazione delle linee guida dell'UE sulla proprietà dei dati per i cittadini – visione: ogni cittadino possiede i propri dati d'uso in modo decentralizzato nel 2030 – con linee guida provinciali provvisorie. Questo potrebbe essere combinato con un modello di sperimentazione territoriale per la gestione decentralizzata dei dati attraverso *Blockchain*, non appena il quadro statale e le infrastrutture locali lo consentiranno. L'obiettivo di questo progetto pilota potrebbe essere quello di consentire a ogni cittadino di amministrare i propri dati privati. Il prerequisito per questo è l'equipaggiamento delle singole operazioni digitali con microcontratti con conseguenze economiche concrete, in cui i dati comportamentali vengono registrati e automaticamente ricompensati dai fornitori agli utenti con microsomme di denaro. Come ha dimostrato Elena Pasquali nel suo contributo

a questo libro (capitolo 7), questo potrebbe portare alla creazione di un reddito minimo di base incondizionato per ogni cittadino. Si tratterebbe di un trasferimento automatico ai cittadini, ad esempio come detrazione fiscale o pagamento diretto. Ciò richiede nuove capacità di archiviazione tramite *Blockchain* e altri servizi di automazione in rete, per i quali dovrebbero essere creati i prerequisiti.

5. Un prerequisito per questo sarebbe la raccolta e l'elaborazione costante di informazioni sui nuovi sviluppi e regolamenti nel campo del diritto d'autore e dei diritti intellettuali – come sviluppato e perfezionato dall'UNESCO, tra gli altri, a partire dagli anni '50 – nell'interesse dei cittadini. Ciò dovrebbe andare di pari passo con la considerazione di possibili utilizzi e requisiti normativi di tali diritti nel settore degli studi e delle qualifiche, anche presso gli istituti di ricerca e le università altoatesine, nonché nel settore dell'insegnamento e della ricerca in generale[120].
6. L'istituzione di un gruppo di competenza tecnologica regionale – possibilmente attraverso una *task force* politico-scientifica – sulle raccomandazioni dell'UE e del Parlamento europeo sulle opportunità e i rischi dell'IA[121] e dello sviluppo dei dati territoriali nel loro complesso, tra cui *Big Data Politics*[122] e *Big Data Economy*[123]. Questo gruppo potrebbe assumere il ruolo di un organo di monitoraggio semi-pubblico della tecnologia dei dati nella società. L'economia dei dati e, soprattutto, la politica dei dati avranno un impatto sempre maggiore sulla sfera politica, in quanto un numero sempre maggiore di dati rende sempre più trasparente un territorio e il comportamento della sua popolazione. Possono quindi essere sempre più utilizzati anche per il successo politico elettorale attraverso l'uso dell'intelligenza artificiale.[124] Questo ha diverse conseguenze per la politica stessa, tra cui l'emergere di aziende private di IA direttamente politica, anche in Italia[125], che devono essere monitorate. Anche i rapporti e le previsioni di vari istituti di intelligence extraterritoriali potrebbero essere presi in considerazione come punti di raccolta e di aggancio: ad esempio, l'Istituto di Ricerca Bavarese per la Trasformazione Digitale dell'Accademia delle Scienze della Baviera[126], l'Osservatorio IA "AI in Work and Society" del Ministero Federale Tedesco del Lavoro e degli Affari Sociali[127], la Commissione Nazionale Blockchain Italiana – si veda il contributo di Marco Vitale in questo libro, capitolo 6 –, il programma di ricerca sull'IA dell'OCSE[128] e i suoi nuovi studi su larga scala, come quello del 2023 sull'impatto dell'IA sul lavoro e sulla società in un

confronto tra molti Paesi[129], e i programmi di ricerca e azione del Ministero federale tedesco dell'Istruzione e della Ricerca BMBF[130]. Anche l'inclusione di raccomandazioni ai politici in termini di politica democratica, come nello "Studio sul futuro 2035"[131] della Fondazione Bertelsmann e altri sul tema "Uso dell'IA come forza positiva"[132] potrebbe essere utile siccome possono aiutare a sostenere approcci come quello di Ingrid Kofler in questo libro (capitolo 12) sulla vita e il lavoro futuri in Alto Adige.

7. A tal fine, sarà importante ampliare lo scambio e la cooperazione delle visioni tecnologiche territoriali con i processi di previsione internazionali, come quelli dell'OCSE, ad esempio i "quattro scenari futuri" nell'area della trasformazione dell'istruzione pubblica attraverso le tecnologie del futuro[133] o i quattro macro-scenari del mondo nel 2040 (Alexander Atarodi)[134]. La discussione di questi approcci può portare a un guadagno reciproco (win-win) e all'apprendimento reciproco, anche attraverso competenze preparatorie e input per i funzionari di alto livello. A questo scopo saranno anche possibili simulazioni presso le istituzioni scientifiche altoatesine. Le simulazioni potrebbero coinvolgere i principali attori e – utilizzando ad esempio le tecnologie degli ologrammi – essere presentate in modo spettacolare per il grande pubblico, al fine di aumentare l'interesse e la partecipazione. L'OCSE, ad esempio, si stia muovendo sempre più nella direzione di tali simulazioni multidisciplinari del futuro e stia collaborando con i principali rappresentanti della "simulazione" attraverso l'IA come la *Singularity University nella Silicon Valley* – uno sforzo non del tutto audace che indica il grado di cambiamento anche nelle istituzioni responsabili della crescita economica.
8. In tutto questo, l'imperativo di un maggiore coinvolgimento dei giovani varrà anche per l'Alto Adige, territorio in "perdita di cervelli" come per la maggior parte delle altre regioni europee. A tal fine, è possibile utilizzare strumenti come il "Youth Foresight Playbook" dell'UNICEF[135], una sorta di manuale su come rendere più facile per i giovani pensare al futuro. Il "copione" è stato presentato per la prima volta al *Future Forum* di Dubai nel novembre 2023[136]. Si tratta di uno strumento nuovo, destinato a crescere attraverso l'uso e la sperimentazione. La sua introduzione come parte integrante della visione tecnologica dell'Alto Adige potrebbe essere collegata a un Consiglio dei Giovani per il NOI Techpark.
9. Le offensive di competenza tecnologica nel campo dei *serious games* e del gender potrebbero completare il tutto in coordinamento con gli uffici pro-

vinciali e nazionali competenti. L'approccio ludico al futuro oggi è fortemente promosso, tra gli altri, dall'organizzazione mondiale dell'educazione UNESCO. Dopo tutto, il futuro è soprattutto una questione di immaginazione libera, che ha a che fare molto con l'idea e la pratica del gioco. In effetti, il fattore gioco sta diventando più importante che mai, ed è e sarà probabilmente addirittura decisivo per affrontare molti settori: non solo per gli approcci al gioco nell'economia, ma anche per l'apprendimento della comunità, l'organizzazione della società civile e la legislazione[137]. Questa nuova funzione va ben oltre il "design speculativo"[138] o la "design fiction"[139]. Ad esempio, gli elementi di gioco vengono utilizzati introducendo meccanismi di gioco di intelligenza artificiale nella generazione di modelli per leggi e varianti di leggi[140]. Anche i giochi commerciali sono sempre più utilizzati per i processi di sviluppo[141], e i giochi online per creare significato e pace, ad esempio da parte dell'organizzazione mondiale per l'educazione, la scienza e la cultura UNESCO[142]. Nel 2021 l'UNESCO ha lanciato una "Digital Games for Peace Challenge"[143] della durata di 8 mesi. L'obiettivo era quello di sottolineare l'importanza dei "giochi seri" per il futuro dello sviluppo globale, ed è stato un vero successo. Uno dei risultati, liberamente accessibile a tutti, è il gioco "The Thing from the Future". Non solo può essere giocato da specialisti, ma promette anche di essere divertente per socializzare con gli amici in privato ed è liberamente disponibile su Internet.[144] Un'altro approccio, ancora dall'UNESCO, è il gioco "Futures Origami" lanciato nell'ambito degli UNESCO "World Futures Days" 2023 e 2024. È interessante notare che il principio del gioco viene utilizzato sempre di più a livello internazionale come parte dei laboratori del futuro, estendendosi persino alla fantascienza e alla narrazione del futuro. Ciò conferma l'aspettativa che il gioco dovrebbe essere preso in considerazione anche in Alto Adige in forme adeguate per questioni serie.

Non tutte queste idee e approcci devono essere necessariamente provinciali. Alcune potrebbero essere attuate anche a livello distrettuale o comunale. In considerazione della crescente necessità di luoghi di trasferimento, collegamento e distribuzione, si potrebbe anche pensare a uno "Spazio di competenza per il futuro". Come già detto, il luogo "naturale" per l'applicazione di una visione del genere è da tempo il NOI Techpark di Bolzano e Brunico. Pertanto, nel medio-lungo termine, la creazione di un "Future Competence Space" nel NOI Techpark in collaborazione con altre istituzioni provinciali sarebbe un passo logico.

Sintetizzando questi possibili pacchetti di misure e cluster applicativi, una cosa è chiara: l'IA, le applicazioni di chatbot e la *Blockchain* saranno quasi inevitabilmente al centro dello sviluppo regionale a vari livelli. Questo perché è probabile che abbiano un impatto trasversale sulla società e sulle istituzioni in quanto tecnologie catalizzatrici e di connessione con una certa funzione di guida – sia strumentalmente che simbolicamente. Pertanto, la loro progettazione attraverso il coordinamento e l'integrazione dovrebbe svolgere un ruolo centrale nella trasformazione digitale in corso.

Ulteriori aree tematiche di utilizzo e applicazione

Nel campo delle tecnologie del futuro molto ha a che fare con il futuro della loro commercializzazione. In singole aree con particolari opportunità di profitto, le nuove tecnologie, la sostenibilità e la resilienza si fondono con gli interessi del profitto. Quando la sostenibilità diventa un business attraverso le tecnologie del futuro, si fanno profitti e si guadagnano soldi, si possono verifcare cambiamenti su larga scala. Per questo motivo è opportuno sfruttare le relative opportunità. Tra i temi per l'Alto Adige che meritano di essere discussi in questo senso vi sono

– l'Agricoltura in ambiente controllato (Controlled Environmental Agriculture, CEA)[145]. A volte viene definita anche "agricoltura di precisione"[146]. Consiste in un aumento dell'efficienza dell'agricoltura mediante il controllo da parte dell'intelligenza artificiale. Qui ogni coltura viene monitorata dall'intelligenza artificiale, rifornita di risorse in tempo reale e ottimizzata in base alle condizioni ambientali. Secondo i proponenti, il risultato sarà un notevole risparmio di risorse e un aumento della qualità. Molti prevedono che gran parte dell'agricoltura mondiale, almeno nelle aree tecnologicamente sviluppate, si orienterà verso la CEA solo per motivi di business. Se l'Alto Adige voglia fare lo stesso o, più probabilmente, se voglia continuare con gli attuali metodi di coltivazione o applicare un modello misto differenziato è una decisione sociale. Data l'importanza del settore agricolo, essa diventerà un elemento costitutivo dell'orientamento politico locale, anche per quanto riguarda la tecnologia avanzata. Il dibattito sulla CEA accentuerà l'attenzione del NOI sull'automazione dell'agricoltura.
– Fabbriche per la pulizia dell'atmosfera come modello di business. Jim Skea, direttore del Gruppo intergovernativo di esperti sul cambiamento climatico (IPCC) dal 2023, sta promuovendo l'idea di pulire l'atmosfera utilizzando fabbriche specializzate nella rimozione di CO_2[147]. Si tratta di rimuovere gli

inquinanti dall'aria attraverso dei filtri e di venderli poi in forma concentrata come materie prime da riciclare in un'ampia gamma di applicazioni[148]. Bisognerà verificare in che misura le montagne dell'Alto Adige e del Trentino siano adatte alla costruzione di tali fabbriche. Se attuate in forme contestualizzate, sarebbe interessante che venissero create come "fabbriche del popolo": aziende orientate al profitto con una quota percentuale per tutti i cittadini altoatesini, che riceverebbero un reddito o altri benefici come risultato – preferibilmente direttamente, non attraverso la deviazione dell'aumento del reddito provinciale. L'UE ha emanato delle linee guida per la rispettiva garanzia di qualità nel 2023[149], e anche le Nazioni Unite stanno promuovendo questo approccio[150].

- A ciò si collega l'esplorazione della futura idoneità dell'Alto Adige come terreno di sperimentazione di nuove tecnologie. In futuro, ciò potrebbe riguardare settori avventurosi come la partecipazione alla ricerca sull'economia dello spazio extraterrestre. Solo un accenno: alcuni paesaggi altoatesini, come la Gola del Bletterbach ad Aldino, presentano certe somiglianze con Marte e sono quindi adatti alla ricerca di anticipazioni[151]. Ciò che ne consegue, ad esempio per la cooperazione con organizzazioni come la European Space Agency ESA, dovrà essere determinato.
- L'introduzione di un sistema di punti sociali per promuovere o imporre stili di vita sostenibili. In tutta Europa si sta discutendo di un sistema di monitoraggio dei comportamenti sociali supportato dall'intelligenza artificiale e di un loro inserimento in sistemi di punti sociali come premio[152]. L'obiettivo è quello di implementare i 17 Obiettivi di Sviluppo Sostenibile (SDG) nella vita quotidiana[153]. L'Italia ne è un esempio, con l'approccio della città di Bologna[154]. In Germania, il modello è particolarmente apprezzato dai giovani, secondo le indagini condotte dal BMBF "Zukunftskreis"[155]. Poiché i sistemi di punti sociali possono essere utilizzati sia come incentivo che come vincolo, le risprettive potenzialità e conseguenze dorvrebbero essere attentamente esaminate per un'applicazione differenziata. Anche una discussione nel Bundestag tedesco è stata dedicata a questa differenziazione[156].
- L'uso sovvenzionato di IA e *Blockchain* per la misurazione empirica della sostenibilità. La misurabilità sta diventando il tema centrale della sostenibilità[157]. Anche le aziende insistono sulla misurabilità per oggettivare i progressi e specificare il sistema di incentivi. Per questo motivo l'IA basata su sensori per la misurabilità sta diventando un tema aziendale capillare, persino per-

vasivo, da cui possono trarre vantaggio in egual misura le aziende, il settore pubblico e il bene comune.

- Il modo fondamentale in cui la legislazione affronta i futuri sta diventando una grande questione politica a se stante[158]. Come può il governo "abbracciare" l'incertezza, lavorando in modo innovativo con il futuro?[159] Insieme agli altri temi sopra citati, il dibattito su questo tema si intensificherà e difficilmente si fermerà. Il risultato è che il dibattito sull'innovazione è destinato ad assumere un maggior tenore "futuristico".
- A questo si aggiungerà, più specificamente, la discussione sugli "ingredienti di base" di una buona tecno-globalizzazione dei territori[160]. Parte integrante sarà la discussione su come trasformare i futuri in un movimento sociale[161]. Oltre al governo provinciale, che lo sta già facendo, nei prossimi anni anche la società civile altoatesina dovrà affrontare entrambe le questioni con più forza di prima.

La maggior parte di questi temi è attualmente oggetto di dibattiti controversi. La misura in cui potranno giocare un ruolo nella sfera pubblica altoatesina nei prossimi anni dipende dalla volontà delle persone coinvolte e dalle condizioni storiche di riferimento.

Estensione del supporto scientifico

Come accennato, il crescente ruolo di sostenitore e co-sviluppatore di visioni del futuro nel settore tecnologico in senso lato rappresenta una buona parte del futuro delle scienze applicate altoatesine in condizioni di IA, che le rimodelleranno e le ridisegneranno in modo significativo[162]. In generale, si può affermare che nei prossimi anni il settore scientifico avrà un ruolo sempre più importante nello sviluppo, nell'applicazione e nella manutenzione delle nuove tecnologie.

Come già menzionato, un tema importante sarà l'etica scientifica della rivoluzione dei chatbot. Questo tema interesserà tutti i settori della società.

Il tema dei saggi accademici scritti dall'IA e dai chatbot, così come delle traduzioni, delle conferenze, dei discorsi e dei contributi ai media, diventa sempre più scottante[163].

Tuttavia, questo non riguarda solo la ricerca e le università, ma anche le scuole e l'intero sistema di istruzione e qualificazione. Ci troviamo già sempre più spesso di fronte a conferenze in cui i relatori dicono all'inizio: "Conferenza senza ChatGPT" o "Conferenza preparata con ChatGPT". È interessante notare che a menti intraprendenti è venuta l'idea di chiedere a ChatGPT stesso se un testo è stato scritto da ChatGPT – la risposta è stata: non posso dirlo, perché la ricostruzione sarebbe troppo complessa. Qui sarà necessario l'estensione del supporto scientifico per le decisioni da prendere; e la scienza locale potrà contribuirci.

Cambiamento strutturale delle scienze sociali applicate

In prospettiva, oggi una sola cosa è certa: nei prossimi anni tecnologie come i chatbot e l'IA trasformeranno in larga misura tutti i settori della scienza, in particolare le scienze naturali e sociali applicate, anche se ciò potrebbe richiedere qualche anno in più rispetto a quanto attualmente previsto. Molti lavori in questi campi sono destinati a scomparire, soprattutto quelli che riguardano la raccolta e l'integrazione dei dati che possono essere automatizzati in modo intelligente. Ciò che rimarrebbe in questo caso sarebbero solo le competenze inter-, multi- e trans-disciplinari di valutazione, filosofia e rete internazionale tra istituzioni per la cooperazione. Come dimostra uno dei migliori rapporti di base finora pubblicato: "Generative AI in Research: A practical guide for universities on balancing risks and benefits" (Ottobre 2023)[164] della società di consulenza Enago, il settore delle scienze subirà una rivoluzione nell'immagine di sé ma anche nella pratica.

Per questi motivi, anche in Alto Adige è iniziata una duplice discussione di fondo: da un lato sull'IA come strumento della scienza, dall'altro sul futuro delle scienze sociali e naturali applicate nel loro complesso nel contesto dell'IA. Questa discussione è iniziata ad esempio all'Eurac di Bolzano nel marzo-aprile 2023, poco prima del boom globale dei chatbot. Da allora esiste un gruppo di discussione e informazione in cui, tra l'altro, vengono scambiate e discusse criticamente le notizie sui tentativi di regolamentazione da parte di università e istituti di ricerca. Poiché nel medio termine non sono necessarie solo normative, ma soprattutto una cultura della scienza dell'IA vincolante per la comunità scientifica, le soluzioni non possono venire solo "dall'alto" – dal livello politico dell'UE e da quello delle nazioni e regioni europee. Piuttosto, devono emergere anche dalla discussione "dal basso", ovvero da quegli scienziati che utilizzano l'IA e i Chatbot.

La prospettiva della scienza e della ricerca: Tra riorganizzazione e "adattamento all'IA"

Negli anni a venire, oltre alla sua espansione nelle nuove condizioni tecnologiche, sei aspetti saranno importanti per il settore scientifico:

1. Organizzare e condurre la discussione sulla tecnologizzazione della scienza su scala sufficientemente ampia – inclusa, in particolare, la rivoluzione dell'IA e dei chatbot. Come detto, questo potrebbe comportare grandi riorganizzazioni, dopo le quali per gli uomini potrebbero rimanere solo la filosofia e le iniziative internazionali con una prospettiva umana, perché l'IA si occuperà principalmente del resto. Sarà vera la previsione: Le scienze naturali saranno automatizzate, le scienze sociali rimarranno? Non sarà così semplice, anche se alcuni ritengono che le tendenze attuali vadano in questa direzione.
2. Le scienze altoatesine dovranno fornire una riflessione sociale ed etica per lo sviluppo tecnologico dell'Alto Adige. Quello che è stato fatt finora può fungere da base solida per un discorso continuo.
3. La scienza dovrà sempre più combinare le scienze naturali – ad esempio presso la Libera Università di Bolzano sulle tecnologie di convergenza uomo-tecnologia – e le scienze sociali – ad esempio presso l'Eurac – per giungere a delle conclusioni solide da mettere in pratica. Dopo tutto, difficilmente qualsiasi fenomeno del futuro potrà essere adeguatamente valutato e contestualizzato da una sola delle discipline scientifiche.
4. La scienza dovrà consigliare e informare di più i politici in merito alla visione globale – meno in singole aree dove lo scambio è già eccellente – e creare una rete internazionale con gli attori principali. Ciò include anche comitati nuovi all'interno delle istituzioni esistenti.
5. La scienza dovrà sviluppare una scienza del futuro più olistica, per allineare di conseguenza gran parte delle singole scienze. In sostanza, la visione di Roberto Poli (Università di Trento) secondo cui le scienze naturali e sociali si uniranno nel contesto dello sviluppo tecnologico, che inevitabilmente sarà anche uno sviluppo di scienze del futuro vere e proprie, si realizzerà almeno in parte. Questa sarebbe la prima realizzazione concreta della multi-, inter- e transdisciplinarità, e la "futurologia" ne diventerebbe il fulcro. Esistono modelli di riferimento nel mondo anglo-americano: ad esempio, la Singularity University in California o il Centre for the Study of Futures dell'Arizona State University. Molti di essi sono di stampo "transumanista": sono favorevoli

al "superamento" dell'attuale condizione umana attraverso la tecnologia e l'emergere di una sorta di "superuomo". Una variante continentale europeo-umanista non esiste ancora, ma è un desiderato: la competizione – anche ideologica – è stimolante anche nel campo del futuro. Se l'Alto Adige vi contribuirà nell'ambito delle sue possibilità, ne trarrà immensi vantaggi, con ampie ricadute anche per le sue imprese.

6. La scienza dovrà dedicarsi al nuovo approccio della "personalizzazione dell'IA". Numerosi autori si stanno specializzando in questo argomento, il che indica la sua crescente importanza[165]. L'approccio dell'"allineamento dell'IA" è addirittura considerato da alcuni la nuova formula magica per utilizzare l'IA in modo socialmente e ambientalmente appropriato. Almeno così credono alcuni scienziati:

   "L'approccio alla personalizzazione dell'IA mira a sviluppare sistemi di IA allineati con le intenzioni e i valori umani. Con l'avvento di sistemi di IA che potrebbero avere capacità sovrumane, stanno diventando chiari i rischi potenzialmente grandi che sarebbero associati a sistemi non allineati. Centinaia di esperti di IA e di personalità pubbliche hanno già sostenuto che la mitigazione dei rischi legati all'IA dovrebbe essere una priorità globale"[166].

È qui che entra in gioco la nuova disciplina della "ricerca di adattamento" tecnologica, di cui potremmo fare buon uso anche in Alto Adige:

> "In primo luogo, identifichiamo quattro principi come obiettivi principali: Robustezza, Interpretabilità, Controllabilità ed Etica (RICE) dell'IA. Il panorama dell'attuale ricerca sull'adattamento dell'IA può... essere suddiviso in due approcci principali: Forward Alignment e Backward Alignment. Il primo mira ad allineare i sistemi di IA attraverso l'addestramento all'adattamento. Il secondo mira a ottenere informazioni sull'allineamento passato dei sistemi e a correggerli in modo appropriato per non aumentare i rischi di disallineamento. Per quanto riguarda l'allineamento in avanti, discutiamo di come apprendere da diversi tipi di feedback (noto anche come allineamento esterno) e di come superare le distorsioni distributive per evitare una generalizzazione errata degli obiettivi (noto anche come allineamento interno). Nell'allineamento a ritroso, discutiamo le tecniche di verifica che rivelano il grado di allineamento dei valori per i diversi sistemi di intelligenza artificiale"[167].

Questo sembra un programma di riflessione etica sull'IA e su altre tecnologie future valido, sia per le prospettive nazionali che territoriali.

Offensiva etico-filosofica

Infine, come già detto, le nuove tecnologie in Alto Adige dovrebbero riflettersi in modo più ampio nella società ed essere integrate in modo inclusivo. Come accennato, esistono diversi approcci possibili per lanciare un'offensiva in questo senso. Per menzionare solo un'esempio, il lavoro di Mark Coeckelbergh "Etica dell'intelligenza artificiale" mostra una possibile via.[168] Si tratta di una riflessione sociale e politica sull'intelligenza artificiale in vista dei prossimi anni e di un tentativo di inserire l'intelligenza artificiale in condizioni normative, che devono essere create politicamente e approfondite nel dialogo. Ciò può contribuire a collegare l'intelligenza artificiale (e le tecnologie dell'informazione in senso lato) a considerazioni di giustizia, uguaglianza, libertà, democrazia e benessere sociale. Questo può essere utile anche per il crescente numero di ricercatori di IA, scienziati dei dati e futuri tecnologi in Alto Adige, come base per valutare come il loro lavoro influenzi la società in meglio.

Questo dibattito potrebbe includere anche elementi di divulgazione scientifica, come il lavoro del filosofo di Tubinga Christoph Quarch sul rapporto tra filosofia e IA e la "differenza antropologica", ovvero la finitezza e la mortalità come parte dell'esperienza umana rispetto al superamento programmatico del tempo da parte dell'IA[169], nonché nuovi rapporti come quello dell'OCSE *Exploring the Futures of Climate and Sustainable Finance* (2023), che nel caso specifico include anche il crescente uso di laboratori del futuro, giochi e approcci narrativi all'intersezione tra tecnologie e società[170].

Prospettive

Di fronte a innovazioni tecnologiche sempre più rapide, la cosa più importante è tenere d'occhio il "futuro" e accumulare competenze per tempi ancora a venire. Ciò è particolarmente vero se si considera che le attuali condizioni TUNA – turbolenza, incertezza, novità e ambivalenza[171] – difficilmente finiranno in fretta. Ciò che i ricercatori di scenari di oggi riassumono vale anche in materia di tecnologie future:

> "In tempi di turbolenza, incertezza, novità e ambiguità – le cosiddette condizioni TUNA – la nostra esperienza passata può essere una pessima guida al futuro in cui si svolgeranno le nostre decisioni e le loro conseguenze. In queste condizioni, la creazione di scenari per fornire contesti futuri plausibili

per una determinata questione e per arricchire il pensiero strategico sfidando le aspettative può aiutare a informare le decisioni e i dibattiti. L'educazione è spesso oggetto di tali dibattiti, in quanto è, tra l'altro, un modo per prepararsi al futuro"[172].

Anche per il futuro delle tecnologie del futuro in Alto Adige vale dunque quanto segue: *Dimidium facti, qui coepit, habet* (Orazio). Ovvero: chi inizia a lavorare – in questo caso sul futuro – è già a metà strada. Essere coinvolti è il passo più importante verso il successo. O, per dirla in modo più conciso: Essere presenti nei sviluppi contemporanei è fondamentale. Poi si può decidere cosa fare e cosa non fare.

1 Norton Rose Fulbright: EU Chips Act: Risks and Opportunities for Business, settembre 2023, https://www.nortonrosefulbright.com/en/knowledge/publications/f176610c/eu-chips-act-risks-and-opportunities-for-businesses.

2 Commissione europea: Legge europea sui chip, n.d., https://commission.europa.eu/strategy-and-policy/priorities-2019-2024/europe-fit-digital-age/european-chips-act_en.

3 Si veda: La legge europea sui chip: https://www.european-chips-act.com/.

4 Commissione europea: l'UE investe 216 milioni di euro per promuovere la ricerca e l'innovazione sui semiconduttori, 07 febbraio 2024, https://digital-strategy.ec.europa.eu/en/news/eu-invests-eu216-million-promote-semiconductor-research-and-innovation.

5 Commissione europea: Decennio digitale europeo, n.d., https://digital-strategy.ec.europa.eu/de/policies/europes-digital-decade; e Commissione europea: Decennio digitale europeo: obiettivi digitali per il 2030, n.d., https://commission.europa.eu/strategy-and-policy/priorities-2019-2024/europe-fit-digital-age/europes-digital-decade-digital-targets-2030_de.

6 Commissione europea: La Commissione presenta nuove iniziative per le infrastrutture digitali di domani, 21 febbraio 2024, https://ec.europa.eu/commission/presscorner/detail/en/ip_24_941.

7 Janna Anderson e Lee Rainie: Digital Life in 2025. in: Pew Research Center, 11 marzo 2014, https://www.pewresearch.org/internet/2014/03/11/digital-life-in-2025/.

8 Nebojsa Nakicenovic: Il mondo nel 2050. in: International Institute for Applied System Analysis (IIASA), n.d., https://iiasa.ac.at/projects/world-in-2050.

9 Sguardo al futuro dell'UE per il 2023: https://www.espas.eu/files/EU-Council-Forward-Look-Jan-2023-external_final.pdf.

10 NOI Parco Tecnologico: su quali settori punterà l'Alto Adige in futuro. Strategia di ricerca e innovazione specializzata presentata al NOI Parco Tecnologico, 13 marzo 2023, https://noi.bz.it/en/about-us/press-media/auf-welche-sektoren-suedtirol-kuenftig-setzt.

11 NOI Parco Tecnologico Alto Adige: Questo è NOI. Il distretto dell'innovazione in crescita in Alto Adige (2024), https://noi.bz.it/en.

12 Provincia Autonoma di Bolzano-Alto Adige: Innovazione e Ricerca Alto Adige 2030, Smart Specialisation Strategy (RIS3) della Provincia Autonoma di Bolzano-Alto Adige, ottobre 2021, https://www.provinz.bz.it/innovation-forschung/innovation-forschung-universitaet/downloads/Innovation_und_Forschung_Suedtirol_2030_RIS3.pdf.

13 Dipartimento Innovazione e Ricerca dell'Amministrazione Provinciale dell'Alto Adige: Smart Specialisation Strategy, n.d., https://www.provinz.bz.it/innovation-forschung/innovation-forschung-universitaet/408.asp.

14 Si veda, ad esempio, il Comitato per il futuro del Parlamento finlandese: https://www.eduskunta.fi/EN/valiokunnat/tulevaisuusvaliokunta/Pages/default.aspx.

15 Si veda: Finlandia Prime Minister's Office: Foresight activities and work on the future, https://vnk.fi/en/foresight.

16 Si veda: Finlandia Prime Minister's Office: Government Report on the Future (periodico), https://vnk.fi/en/foresight/government-report-on-the-future.

17 Roland Benedikter: Il difficile cammino verso la cima. L'Alto Adige può essere un pioniere della parità di genere? In: Eurac Research Bolzano: Imagining Futures Blog. Pubblicato dal Centro Studi Avanzati, 01/06/2022, https://www.eurac.edu/de/blogs/imagining-futures/der-harte-weg-nach-oben-sudtirol-als-vorreiterin-in-sachen-geschlechtergerechtigk.

18 Mirjam Gruber & Roland Benedikter: Il ruolo delle donne nella tecnologia contemporanea e la femminilizzazione dell'intelligenza artificiale e dei suoi dispositivi. Capitolo 2. in: Tugrul Keskin e Ryan Kiggins (eds.): Towards an International Political Economy of Artificial Intelligence. Collana: International Political Economy (IPE), Palgrave MacMillan, Londra, New York e Zurigo 2021, pp. 17-38, https://link.springer.com/chapter/10.1007/978-3-030-74420-5_2, https://www.palgrave.com/gp/book/9783030744199#aboutBook e https://www.palgrave.com/gp/book/9783030744199.

19 Formato casuale del caffè: https://www.random-coffee.com/?r=0.

20 Ryan Holmes: Come 2.000 caffè casuali hanno cambiato la cultura della mia azienda. In: Forbes, 11 dicembre 2017, https://www.forbes.com/sites/ryanholmes/2017/12/11/how-2000-random-coffees-changed-my-companys-culture/#17a15f504ffc.

21 Un buon esempio di come trasmettere l'etica non in modo antiquato, noioso e teorico, ma intrinsecamente nella spiegazione delle cose, è Yejin Choi: Why AI is incredibly smart and shockingly stupid. In: TED talks, aprile 2023, https://www.ted.com/talks/yejin_choi_why_ai_is_incredibly_smart_and_shockingly_stupid/transcript?hasProgress=true&language=en&muted=true&autoplay=true.

22 Giornate della sostenibilità Alto Adige-Südtirol: piattaforma internazionale per le regioni del futuro, 06-09 settembre 2022, https://sustainabilitydays.com/de/home.

23 Jaspeer Bitter: la Germania si gioca il suo futuro. L'ex capo dell'Opel Michael Lohscheller a colloquio. In. Bild Zeitung Geld, 22.12.2023, https://www.bild.de/geld/wirtschaft/wirtschaft/ex-opel-chef-deutschland-verspielt-seine-zukunft-86447728.bild.html.

24 Rafael Laguna de La Vera e Cyriac Roeding: Futuro: un manifesto per la Germania. In: Focus Magazine, n. 2023 (51), 21 dicembre 2023, https://amp.focus.de/magazin/archiv/zukunft-ein-manifest-fuer-deutschland_id_259503748.html.

25 MIT Technology Review Report: The great acceleration: CIO perspectives on generative AI, 18 luglio 2023, https://www.technologyreview.com/2023/07/18/1076423/the-great-acceleration-cio-perspectives-on-generative-ai/.

26 MIT Technology Review Insights Report: Building a high-performance data and AI organization, 15 aprile 2021, https://www.technologyreview.com/2021/04/15/1022754/building-a-high-performance-data-and-ai-organization/.

27 Agenzia federale tedesca per l'innovazione Jump SPRIND: https://www.sprind.org/de/.

28 Rafael Laguna de La Vera e Cyriac Roeding: Futuro: un manifesto per la Germania, op. cit.

29 Master in Studi sul Futuro, Università di Turku: https://www.utu.fi/en/study-at-utu/masters-degree-programme-in-futures-studies.

30 Finland Futures Research Centre: https://www.utu.fi/en/university/turku-school-of-economics/finland-futures-research-centre.

31 Arizona State University (ASU): College of Global Futures, https://collegeofglobalfutures.asu.edu/.

32 Arizona State University: Julie Ann Wrigley Global Futures Laboratory: https://globalfutures.asu.edu/.

33 Arizona State University: Centro per lo studio del futuro, https://centerstudyfutures.globalfutures.asu.edu/.

34 Christian Pfeifer: Quando i robot servono ai tavoli e cucinano. In: Südtiroler Wirtschaftszeitung, 1 marzo 2024, https://swz.it/wenn-roboter-kellnern-und-kochen/.

35 Si veda, ad esempio, Thomas Aichner: Maschinelles Sehen. Approfondimenti sull'intelligenza artificiale e la computer vision. In: Wirtschaftskurier, 6 marzo 2024, pp. 8-9.

36 Matt Burgess: La metropolitana di Londra sta testando strumenti di sorveglianza AI in tempo reale per individuare i crimini. In: Wired, 8 febbraio 2024, https://www.wired.com/story/london-underground-ai-surveillance-documents/.

37 Markus Hametner: La previdenza sociale austriaca investe oltre 50 milioni di euro nell'IA – solo per la contabilità? In: *AlgorithmWatch*, 19 febbraio 2024, https://algorithmwatch.org/en/austrias-social-security-invests-massively-in-ai/.

38 Maëlle Roudaut: À Météo France, l'automatismo puntuale del dito dopo gli errori assurdi nelle previsioni. In: Huffington Post France, 19/02/2024, https://www.huffingtonpost.fr/science/article/a-meteo-france-l-automatisation-pointee-du-doigt-apres-des-erreurs-absurdes-dans-les-previsions_230016.html.

39 Página12: "Permetterà di incrociare un›importante quantità di informazioni". Boric ha annunciato che il Cile userà l'intelligenza artificiale per cercare i dispersi, 16 enero de 2024, https://www.pagina12.com.ar/704508-boric-anuncio-que-chile-usara-inteligencia-artificial-para-b.

40 Ashley Belanger: Air Canada deve rispettare la politica di rimborso inventata dal chatbot della compagnia aerea. Air Canada sembra aver silenziosamente eliminato il suo costoso chatbot di supporto. In: Ars Technica, 16 febbraio 2024, https://arstechnica.com/tech-policy/2024/02/air-canada-must-honor-refund-policy-invented-by-airlines-chatbot/.

41 Hyunjoo Jin e Abhirup Roy: L'incendio doloso di Waymo a San Francisco accende un nuovo dibattito sulle auto a guida autonoma. In: Reuters, 13 febbraio 2024, https://www.reuters.com/business/autos-transportation/san-francisco-waymo-arson-sparks-fresh-debate-self-driving-cars-2024-02-13/.

42 Alaina Demopoulos: I candidati al lavoro esclusi dall'intelligenza artificiale: "L'intervistatore sembrava Siri". In: The Guardian, 6 marzo 2024, https://www.theguardian.com/technology/2024/mar/06/ai-interviews-job-applications.

43 Commissione europea / CORDIS: Risultati della ricerca UE: Globalizzazione, politiche ottimali e crescita (GOPG). Impatto della globalizzazione e del progresso tecnologico (2009-2014), https://cordis.europa.eu/article/id/183232-the-impact-of-globalisation-and-technological-progress/de.

44 Ibidem.

45 Ibidem.

46 Giulia Giaume: Due collezionisti si sono accaparrati i diritti d'autore sulle opere di Escher. La storia. In: Atribune, 10/12/2023, https://www.artribune.com/arti-visive/arte-contemporanea/2023/12/diritti-autore-escher-collezionisti-giudiceandrea-iaquinta/. Si veda anche Eva Gratl: Era un genio. In: Dolomiten. Quotidiano dell'Alto Adige, 08/02/2024.

47 Leading Governance: Quali sono i principi nolani della vita pubblica?, n.d., https://www.leadinggovernance.com/blog/resources/the-nolan-principles/.

48 Palazzo Bonaparte: Escher. 31 ottobre 2023 – 01 aprile 2024, https://www.mostrepalazzobonaparte.it/mostra-escher.php.

49 Jose Durán Rodríguez: Inteligencia artificial: Ninguna obra creada "íntegra y exclusivamente" con IA podrá ganar un Premio Nacional. In: El Salto Diario, 20 Febrero 2024, https://www.elsaltodiario.com/inteligencia-artificial/ninguna-obra-creada-integra-exclusivamente-ia-podra-ganar-un-premio-nacional.

50 Heinrich Schwarz: I non autoctoni danno forma al mercato del lavoro altoatesino, 8 marzo 2024, https://swz.it/nicht-einheimische-praegen-suedtirols-arbeitsmarkt/.

51 Dubai Futures Forum: https://www.dubaifuture.ae/dubai-future-forum-2023. Vedi in dettaglio: Come il futuro rimane umano. Lezioni dal Dubai Future Forum 2023. Intervista con Roland Benedikter di Teseo La Marca. In: A piedi nudi. Das Südtiroler Onlinemagazin, 11 dicembre 2023, https://www.barfuss.it/leben/wie-die-zukunft-human-bleibt/; e Roland Benedikter: Dubai: roccaforte religiosa di una modernità tecnologica radicale. In: Voci del tempo. Die Zeitschrift für christliche Kultur, numero 149, n. 3/2024 (marzo), Herder Verlag Freiburg 2024, pp. 209-220, https://www.herder.de/stz/hefte/archiv/149-2024/3-2024/dubai-religioeser-hort-einer-technologischen-radikalmoderne/.

52 World Futures Studies Federation (WFSF): XXV Conferenza mondiale: Exploring Liminalities: Creating Spaces for Unlimited Futures. Parigi 2023, https://wfsf2023paris.org/.

53 UNESCO Futures Literacy Hub: https://www.unesco.org/en/futures-literacy?hub=67832.

54 OECD/OPSI Anticipatory Innovation Governance Hub: https://oecd-opsi.org/work-areas/anticipatory-innovation-2/.

55 Si veda ad esempio Roberto Poli: Futures Studies – Used by Whom, Why and How? In: Eurac Research, UNESCO Chair Lecture Series 2023: The World in 2050, 28 marzo 2023, https://www.youtube.com/watch?v=IzlHAllNznw.

56 Sam Rad: L'era dell'accelerazione. In: Youtube, 26 febbraio 2024, https://www.youtube.com/watch?v=UW7gF-QTRNI.

57 World Academy: Trans-disciplinary society (2014), https://worldacademy.org/courses/trans-disciplinary-society-overview/trans-disciplinary-society-course-overview/.

58 UNESCO: Etica della scienza e della tecnologia, https://www.unesco.org/en/ethics-science-technology.

59 Commissione tedesca per l'UNESCO: Rapporto mondiale sull'educazione dell'UNESCO 2023, https://www.unesco.de/bildung/agenda-bildung-2030/unesco-weltbildungsbericht. Si veda

anche Kristina Beer: Rapporto dell'Unesco sull'istruzione: così si mettono alla prova coloro che si impegnano in programmi di apprendimento digitale per sempre. In: Heise Medien, 27 novembre 2023, https://www.heise.de/hintergrund/Unesco-Bildungsbericht-So-pruefe-wer-sich-ewig-an-digitale-Lern-Angebote-bindet-9540318.html.

60 Vedi Roland Benedikter: Intelligenza artificiale ed esseri umani. A che punto l'IA rimodella le persone, invece di servirle? Parte 1: Due direzioni. In: Telepolis. Zeitschrift für Neue Medien, Netzkultur und Politik / Journal of Media, Technology, Art and Society, a cura di Harald Neuber, 26° volume, Heinz Heise Verlag Hannover 2023, 12 febbraio 2023, https://www.telepolis.de/features/Kuenstliche-Intelligenz-und-Mensch-7489096.html; es.: Künstliche Intelligenz und Mensch. A che punto l'IA rimodella gli esseri umani, invece di servirli? Parte 2 e conclusione: L'emergere di entità ibride. In: Telepolis. Zeitschrift für Neue Medien, Netzkultur und Politik / Journal of Media, Technology, Art and Society, a cura di Harald Neuber, 26° volume, Heinz Heise Verlag Hannover 2023, 13 febbraio 2023, https://www.telepolis.de/features/Entstehung-von-Hybridgebilden-7489102.html; e Roland Benedikter: Künstliche Intelligenz und Politik. Gli algoritmi saranno presto i politici migliori? Parte 1: La trasformazione della politica. In: Telepolis. Zeitschrift für Neue Medien, Netzkultur und Politik / Journal of Media, Technology, Art and Society, a cura di Harald Neuber, 26° anno, Heinz Heise Verlag Hannover 2023, 04 marzo 2023, https://www.telepolis.de/features/Die-Verwandlung-des-Politischen-7531419.html; es.: Künstliche Intelligenz und Politik. Gli algoritmi saranno presto i politici migliori? Parte 2: Il ruolo di convergenza dell'IA: fusione degli sviluppi. In: Telepolis. Zeitschrift für Neue Medien, Netzkultur und Politik / Journal of Media, Technology, Art and Society, a cura di Harald Neuber, 26° anno, Heinz Heise Verlag Hannover 2023, 05 marzo 2023, https://www.telepolis.de/features/Die-Konvergenzrolle-von-KI-Verschmelzung-von-Entwicklungen-7531411.html; e ss: Künstliche Intelligenz und Politik. Gli algoritmi saranno presto i politici migliori? Parte 3 e conclusione: Cosa ci riserva il futuro? IA politica o IA politica? In: Telepolis. Zeitschrift für Neue Medien, Netzkultur und Politik / Journal of Media, Technology, Art and Society, a cura di Harald Neuber, 26° anno, Heinz Heise Verlag Hannover 2023, 12 marzo 2023, https://www.telepolis.de/features/Was-bringt-die-Zukunft-Politische-KI-oder-KI-Politik-7531447.html.

61 Naiara Bellio: La pseudo-scienza entra nell'educazione. In: *AlgorithmWatch*: Automated Society No. 106, Newsletter: The Briefing, 23 febbraio 2024, https://algorithmwatch.org/en/team/naiara-bellio/?utm_campaign=Automated%20Society%20EN%20-%20issue%20106%20B&utm_medium=email&utm_source=Mailjet.

62 Ibidem.

63 Legge UE sull'intelligenza artificiale (inglese/tedesco, versione 2021/206): https://eur-lex.europa.eu/legal-content/EN-DE/TXT/?from=EN&uri=CELEX%3A52021PC0206.

64 Naiara Bellio: La pseudo-scienza entra nell'educazione, op. cit.

65 Si veda la bella introduzione in: BBC Sounds: The Rise and Rise of the Microchip, 07 marzo 2024, https://www.bbc.co.uk/sounds/play/m001wypc?partner=uk.co.bbc&origin=share-mobile.

66 Uttkarsha Bhosale, Gayatri Phadke e Anupama Kapadia: Generative AI in Research: A Practical Guide for Universities on Balancing Risks and Benefits. In: Enago, 2 novembre 2023, pubblicazione ad accesso libero, https://www.enago.com/academy/guide-to-ensure-responsible-ai-integration/.

67 Ibidem, p. 3.

68 Ibidem, pp. 3-4.

69 Ibidem, p. 5.

70 Ibidem, pp. 5-8.

71 Michael M. Grynbaum e Ryan Mac: Il Times cita in giudizio OpenAI e Microsoft per l'uso di A.I. di opere protette da copyright. Milioni di articoli del New York Times sono stati utilizzati per addestrare i chatbot che ora gli fanno concorrenza, si legge nella causa. In: The New York Times, 27 dicembre 2023, https://www.nytimes.com/2023/12/27/business/media/new-york-times-open-ai-microsoft-lawsuit.html. Si veda anche Cade Metz e Katie Robinson: OpenAI Seeks to Dismiss Parts of The New York Times's Lawsuit. La start-up di intelligenza artificiale ha sostenuto che il suo chatbot online, ChatGPT, non sostituisce l'abbonamento al New York Times. In: The NewYork Times, 27 febbraio 2024, https://www.nytimes.com/2024/02/27/technology/openai-new-york-times-lawsuit.html.

72 Liv McMahon: Elon Musk fa causa al produttore di ChatGPT OpenAI per i legami con Microsoft. In: BBC News, 2 marzo 2024, https://www.bbc.com/news/technology-68445981. Si veda anche Bild Zeitung: Künstliche Intelligenz: Elon Musk verklagt ChatGPT-Entwickler, 02.03.2024, https://www.bild.de/geld/wirtschaft/wirtschaft/elon-musk-verklagt-chatgpt-entwickler-openai-87369362.bild.html.

73 Lisa Messeri & M. J. Crockett: Intelligenza artificiale e illusioni di comprensione nella ricerca scientifica. In: Nature, No. 627 (2024), pp. 49-58, https://www.nature.com/articles/s41586-024-07146-0.

74 Alleanza di ricerca e insegnamento per la sostenibilità in Alto Adige: https://www.research-alliance-for-sustainability.it/index_de.html.

75 Si veda, ad esempio, Stephen Casper, Carson Ezell et al: Block-Box Access is Insufficient for Rigorous AI Audits. In: Cornell University, 25 gennaio 2024, https://arxiv.org/abs/2401.14446?utm_campaign=Automated%20Society%20FN%20-%20issue%20106%20B&utm_medium=email&utm_source=Mailjet.

76 Knowmad Mood: Quali sono i settori più colpiti dall'IA?, 30/11/2023, https://www.knowmadmood.com/en/blog/which-industries-have-been-the-most-impacted-by-ai/. Si veda anche Marcus Lu: Ranking Industries by Their Potential for AI Automation. In: Visual Capitalist, 27 giugno 2023, https://www.visualcapitalist.com/sp/ranking-industries-by-their-potential-for-ai-automation/ e Maurice Bretzfield: The Transformative Power of AI: Impact on 18 Vital Industries. In: LinkedIn, 24 luglio 2023, https://www.linkedin.com/pulse/transformative-power-ai-impact-18-vital-industries-maurice-bretzfield-3c/

77 Jesse Bedayn: Gli Stati prendono di mira la mano nascosta dell'IA nella vita degli americani. In: AP News, 5 marzo 2024, https://apnews.com/article/artificial-intelligence-ai-explained-policy-technology-regulations-discrimination-d3226c9139d3d06af263e7ff467d0666.

78 Si veda, ad esempio, Rostam J. Neuwirth: The Global Institutional Governance of AI: A Four-Dimensional Perspective. In: International Journal of Digital Law and Governance, De Gruyter, 2024, https://doi.org/10.1515/ijdlg-2024-0004 https://www.degruyter.com/document/doi/10.1515/ijdlg-2024-0004/html.

79 Provincia Autonoma di Bolzano-Alto Adige: Evereyday for Future. Gemeisam für die Nachhaltigkeit, Bozen 2021, https://assets-eu-01.kc-usercontent.com/c1c45d5a-c794-01a3-3c24-89f77bf8cab4/220473d0-fe6a-4150-8bc3-62bdb3514278/OK-210706-sostenibilita-paper-de_compressed%20%281%29.pdf.

80 Provincia Autonoma di Bolzano-Alto Adige: Obiettivi per lo sviluppo sostenibile: questi sono i sette campi d'azione per l'Alto Adige, https://nachhaltigkeit.provinz.bz.it/de/home e https://nachhaltigkeit.provinz.bz.it/de/handlungsfelder.

81 Parlamento europeo: Atto UE sull'intelligenza artificiale: primo regolamento sull'intelligenza artificiale, 19-12-2023, https://www.europarl.europa.eu/topics/en/article/20230601STO93804/eu-ai-act-first-regulation-on-artificial-intelligence.

82 Notizie del Parlamento europeo: Legge sull'intelligenza artificiale: accordo su regole complete per l'IA degna di nota, 09/12/2023, https://www.europarl.europa.eu/news/en/press-room/20231206IPR15699/artificial-intelligence-act-deal-on-comprehensive-rules-for-trustworthy-ai.

83 Ibidem.

84 Ibidem.

85 Ibidem.

86 Foreign Affairs: The Age of Uncertainty, numero di settembre/ottobre 2022, https://www.foreignaffairs.com/issues/2022/101/5.

87 Taylor C. Woodman, Melissa Whatley, Chris R. Glass (eds.): Digital Internationalisation in Higher Education (Internazionalizzazione digitale nell'istruzione superiore). Beyond Virtual Exchange, Routledge 2023, https://www.taylorfrancis.com/books/edit/10.4324/9781003444237/digital-internationalization-higher-education-taylor-woodman-chris-glass-melissa-whatley.

88 Si veda, ad esempio, il XVIII Congresso mondiale delle società di educazione comparata: Fostering Inclusive Ecologies of Knowledge: Education for Equitable and Sustainable Futures, 22-26 luglio 2024, Cornell University, https://www.wcces2024congress.org/.

89 Nazioni Unite: Patto per il futuro: bozza zero, 26 gennaio 2024, https://www.un.org/sites/un2.un.org/files/sotf-co-facilitators-zero-draft_pact-for-the-future.pdf.

90 Nazioni Unite: Summit del futuro: soluzioni multilaterali per un domani migliore, 22-23 settembre 2024, https://www.un.org/en/summit-of-the-future.

91 Banca europea per gli investimenti e Commissione europea: Il futuro del settore spaziale europeo: come sfruttare la leadership tecnologica dell'Europa e incrementare gli investimenti per le imprese spaziali, Bruxelles 2019, https://www.eib.org/attachments/thematic/future_of_european_space_sector_en.pdf.

92 Sabine Gamper: "Stiamo lavorando per portare Tesla in Alto Adige". Intervista a Matteo Galateo. In: stol.it, 28 febbraio 2024, https://www.stol.it/artikel/wirtschaft/wir-arbeiten-daran-tesla-nach-suedtirol-zu-holen.

93 Risto Linturi e Osmo Kuusi: Trasformazione della società 2018-2037. 100 tecnologie radicali previste, 20 regimi, caso Finlandia. Pubblicazione del Comitato per il futuro 10/2018, Helsinki 2018, https://www.eduskunta.fi/FI/naineduskuntatoimii/julkaisut/Documents/NETTI_TUVJ_10_2018_Societal_transformation_UUSI.pdf.

94 Risto Linturi: Verso un futuro migliore. Opportunità e minacce tecnologiche per la promozione dello sviluppo sostenibile. Pubblicazione del Comitato per il futuro 1/2021, Helsinki 2021, https://www.eduskunta.fi/FI/naineduskuntatoimii/julkaisut/Documents/tuvj_1+2021.pdf.

95 Dubai Future Foundation: Dubai Future Readiness Index, https://www.dubaifuture.ae/dubai-future-readiness-index.

96 Dubai Future Foundation: Shaping the Future (2024), https://www.dubaifuture.ae/.

97 Dubai Future Foundation: Dubai Future Readiness Index, https://www.dubaifuture.ae/readiness.

98 Dubai Future Foundation: Dubai Future Readiness Index Manual, Edition-1, 2023, https://dgep.gov.ae/en/file/preview/dubai-future-readiness-index-manual-1st-edition.

99 Programma di esperti del futuro di Dubai 2024: https://www.dubaifuture.ae/dfep-2024.

100 Programma di esperti del futuro di Dubai 2022: https://www.dubaifuture.ae/experts-program-2022.

101 Revisione della politica di Dubai (2019-2020): https://dubaipolicyreview.ae/product/public-policy-for-a-digital-future/ e https://dubaipolicyreview.ae/latest-articles/.

102 Dubai Future Foundation: 10 Megatrends shaping our future in 2023, Dubai 2023, https://www.dubaifuture.ae/wp-content/uploads/2023/02/10-Megatrends-Shaping-Our-Future-Eng.pdf.

103 Dubai Future Foundation: The Global 50. The Future Opportunities Report, Dubai 2024, https://www.dubaifuture.ae/the-global-50 e https://www.dubaifuture.ae/wp-content/uploads/2024/03/The-Global-50-2024-Eng.pdf.

104 Matt Andrews, Salimah Samji: Politica in pratica: come attuare politiche con impatto? Un kit di strumenti per i politici. In: Dubai Policy Review, febbraio 2020, https://dubaipolicyreview.ae/how-to-implement-policies-with-impact-a-policymakers-toolkit-measurements/.

105 Sara Fyson, Carina Lindberg, Ernesto Soria Morales (OCSE): Governance per gli SDGs – Come possiamo accelerare il raggiungimento degli Obiettivi di Sviluppo Sostenibile? In: Dubai Policy Review, febbraio 2020, https://dubaipolicyreview.ae/governance-for-the-sdgs-how-can-we-accelerate-achieving-the-sustainable-development-goals/.

106 Saeed AlDhaheri: Building an AI Nation: Accelerating Artificial Intelligence Adoption through Agile Policymaking – The Case of the UAE. In: Dubai Policy Review, febbraio 2020, https://dubaipolicyreview.ae/building-an-ai-nation-accelerating-artificial-intelligence-adoption-through-agile-policymaking-the-case-of-the-uae/.

107 Si veda, ad esempio, WIKU: AI as a driver of the future, 13 marzo 2024, pag. 18.

108 Vedi in dettaglio Roland Benedikter: Dubai: roccaforte religiosa di una modernità tecnologica radicale. In: Voci del tempo. Die Zeitschrift für christliche Kultur, numero 149, n. 3/2024 (marzo), Herder Verlag Freiburg 2024, pp. 209-220, https://www.herder.de/stz/hefte/archiv/149-2024/3-2024/dubai-religioeser-hort-einer-technologischen-radikalmoderne/.

109 Governo di Dubai – Il Consiglio esecutivo: Dubai Government Innovation Framework, Body of Knowledge, Version 1.0, Dubai 2019, https://dgep.gov.ae/en/file/preview/dubai-government-innovation-framework.

110 Vedi anche Roland Benedikter: Come il futuro rimane umano. Lezioni dal Dubai Future Forum 2023. Intervista con Roland Benedikter di Teseo La Marca. In: A piedi nudi. La rivista online dell'Alto Adige, 11 dicembre 2023, https://www.barfuss.it/leben/wie-die-zukunft-human-bleibt/.

111 Si veda Markku Wilenius: Patterns of the Future. Understanding the next wave of global change, Helsinki 2017, https://www.worldscientific.com/worldscibooks/10.1142/q0083#t=aboutBook.

112 Riel Miller: Come ho imparato a smettere di preoccuparmi e ad amare la Futures Literacy. In: Dubai Futures Academy, Foundations of Futures Literacy, n.d., https://www.dubaifuture.ae/advanced-futures-literacy-exploring-anticipatory-systems e https://www.dubaifuture.ae/courses/foundations-of-futures-literacy/.

113 Ricerca Eurac: Workshop con Riel Miller, pioniere della Futures Literacy dell'UNESCO, 22 maggio 2023, https://www.eurac.edu/en/institutes-centers/center-for-advanced-studies/research-group/unesco-chair/news-events/workshop-with-riel-miller.

114 Si veda, ad esempio, Santiago Garces e Stephen Goldsmith: Boston ha sperimentato l'uso dell'IA generativa per governare. È andata sorprendentemente bene. In: Fast Company, 19 novembre 2023, https://www.fastcompany.com/90983427/chatgpt-generative-ai-government-reform-biden-garces-boston-goldsmith-harvard.

115 Provincia Autonoma di Bolzano-Alto Adige: Sostenibilità: il progetto, 2019ss., https://nachhaltigkeit.provinz.bz.it/de/das-projekt.

116 Autonome Provinz Bozen-Südtirol, Landesagentur für Umwelt und Klimaschutz: Klimaplan Südtirol 2040, https://umwelt.provinz.bz.it/klimaplan-energie-suedtirol-2050.asp.

117 Provincia Autonoma di Bolzano-Alto Adige: Rapporto OCSE: Buon inizio per l'Alto Adige, attuazione da concretizzare, 22 novembre 2023, https://nachhaltigkeit.provinz.bz.it/de/news/oecd-bericht-guter-start-fur-sudtirol-umsetzung-zu-konkretisieren.

118 Vedi Roland Benedikter: Intelligenza artificiale ed esseri umani. A che punto l'IA rimodella le persone, invece di servirle? Parte 1: Due direzioni, op. cit.; e il suo: Intelligenza artificiale e umani. A che punto l'IA rimodella l'uomo – invece di servirlo? Parte 2 e conclusione: L'emergere di entità ibride, op. cit.

119 Roland Benedikter: Intelligenza artificiale e politica. Gli algoritmi diventeranno presto i politici migliori? Parte 1: La trasformazione della politica, op. cit. Gli algoritmi saranno presto politici migliori? Parte 2: Il ruolo di convergenza dell'IA: fusione degli sviluppi, op. cit. e Intelligenza artificiale e politica. Gli algoritmi saranno presto i politici migliori? Parte 3 e conclusione: Cosa ci riserva il futuro? AI politica o AI politica?, op. cit.

120 Hans Malmström et al: Chatbots e altre IA per l'apprendimento: un'indagine sull'uso e le opinioni degli studenti universitari in Svezia. In: Research.Chalmers.se, Report, 2023, https://research.chalmers.se/en/publication/535715. Si veda anche MDR Wissen: ChatGPT & Co. gli studenti hanno una visione complessivamente positiva dell'IA, 15 maggio 2023, https://www.mdr.de/wissen/studierende-blicken-insgesamt-positiv-auf-ki100.html.

121 Argomenti del Parlamento europeo: Intelligenza artificiale: opportunità e rischi, 20 giugno 2023, https://www.europarl.europa.eu/news/de/headlines/society/20200918STO87404/kunstliche-intelligenz-chancen-und-risiken.

122 George Washington University, The Graduate School of Political Management: Applying Big Data for Political Success, n.d., https://gspm.gwu.edu/applying-big-data-political-success. Si veda anche: Kevin Rands: Come i big data hanno cambiato la politica. In: CIO, 28 giugno 2018, https://www.cio.com/article/221882/how-big-data-has-changed-politics.html.

123 Argomenti del Parlamento europeo: Cos'è l'intelligenza artificiale e come viene utilizzata, 20 giugno 2023, https://www.europarl.europa.eu/news/de/headlines/society/20200827STO85804/was-ist-kunstliche-intelligenz-und-wie-wird-sie-genutzt.

124 Sean Illing: un politologo spiega come i big data stanno trasformando la politica. "I big data rendono facile per i candidati liquidare gli avversari". In: Vox Technology, 16 marzo 2017, https://www.vox.com/conversations/2017/3/16/14935336/big-data-politics-donald-trump-2016-elections-polarization. Si veda anche Ahsaan Mujeb: Data-Driven Politics: The Power of Big Data and Predictive Analysis in Political Campaigns. In: LinkedIn, 13 marzo 2023, https://www.linkedin.com/pulse/data-driven-politics-power-big-data-predictive-analysis-ahsan-mujeeb/.

125 Si veda ad esempio: Big Data Politics Italia (2024), https://www.bigdatapolitics.it/.

126 Istituto di ricerca bavarese per la trasformazione digitale (BFDT): Intelligenza artificiale, n.d., https://www.bidt.digital/themenmonitor-kuenstliche-intelligenz/.

127 Ministero federale tedesco del lavoro e degli affari sociali, Osservatorio sull'intelligenza artificiale nel lavoro e nella società: Impatto dell'IA sul posto di lavoro: risultati attuali di otto paesi OCSE, 29 marzo 2023, https://www.ki-observatorium.de/rubriken/wissen/auswirkungen-von-ki-auf-den-arbeitsplatz-aktuelle-erkenntnisse-aus-acht-oecd-laendern.

128 OECD.AI Policy Observatory: OECD programme on AI in Work, Innovation, Productivity and Skills. Il programma dell'OCSE sull'IA nel lavoro, l'innovazione, la produttività e le competenze (AI-WIPS) – con il sostegno della Germania – analizza l'impatto dell'IA sul mercato del lavoro, le competenze e la politica sociale, n.d., https://oecd.ai/en/work-innovation-productivity-skills.

129 Anna Milanez: L'impatto dell'IA sul posto di lavoro: prove da casi di studio dell'OCSE sull'implementazione dell'IA, 27 marzo 2023, https://www.oecd-ilibrary.org/docserver/2247ce58-en.pdf?expires=1700737086&id=id&accname=guest&checksum=F9C9DB999EBCD1FC2DC8B-65239CB0961.

130 Ministero federale dell'Istruzione e della Ricerca: Wissenschaftsjahr 2019: Künstliche Intelligenz: Unternehmen bewerten den Einsatz von KI sehr positiv, 18 giugno 2019, https://www.wissenschaftsjahr.de/2019/neues-aus-der-wissenschaft/juni-2019/unternehmen-bewerten-den-einsatz-von-ki-sehr-positiv/index.html.

131 Münchner Kreis, Bertelsmann Stiftung (a cura di): Future Study: Life, Work, Education 2035+. Cambiamenti nei settori chiave della vita influenzati dall'intelligenza artificiale, 23 giugno 2020, https://www.bertelsmann-stiftung.de/de/publikationen/publikation/did/zukunftsstudie-leben-arbeit-bildung-2035.

132 Istituto di ricerca bavarese per la trasformazione digitale (BFDT): l'IA come forza positiva per la vita privata, il lavoro e l'istruzione. Oltre 400 esperti vedono nella trasformazione della società attraverso l'IA un'opportunità. A condizione che venga utilizzata correttamente e valutata in modo critico (2020), https://www.bidt.digital/themenmonitor/ki-als-positive-kraft-fuer-privatleben-arbeit-und-bildung/

133 CERI – Centro per la ricerca educativa e l'istruzione: Quattro scenari futuri per Istruzione superiore, n.d., https://www.oecd.org/site/eduhe30/41809568.pdf.

134 Alexander Atarodi: Quattro scenari plausibili per il 2030. in: OCSE, n.d., https://www.oecd-nea.org/upload/docs/application/pdf/2023-01/1_strategicforesight-alexanderatarodi.pdf.

135 UNICEF: Progettare un viaggio verso il futuro incentrato sui giovani. A Youth Foresight Playbook, Fondo delle Nazioni Unite per l'infanzia, settembre 2023, https://www.unicef.org/globalinsight/media/3226/file/UNICEF-Innocenti-Youth-Foresight-Playbook-2023.pdf.

136 UNICEF: Lancio del Youth Foresight Playbook dell'UNICEF al Dubai Future Forum. Ospitato dagli Alumni e dal team degli Youth Foresight Fellow dell'UNICEF, 28 novembre 2023, https://www.unicef.org/innocenti/events/launch-unicefs-youth-foresight-playbook-dubai-future forum.

137 UNESCO – Istituto Mahatma Gandhi di Educazione alla Pace e allo Sviluppo Sostenibile: Giochi per l'apprendimento, n.d., https://mgiep.unesco.org/games-for-learning.

138 Win Shanokprasith: Speculative Design: Thinking About the Future in Times of Uncertainty. In: Medium, 14 maggio 2020, https://medium.com/@winshanokprasith/speculative-design-thinking-about-the-future-in-times-of-uncertainty-b593e2ca11b6.

139 Nick Foster: Che cos'è la Design Fiction? In: The Futurist, 23 giugno 2022, https://futurist.com/2022/06/23/what-is-design-fiction/.

140 The Economist: L'intelligenza artificiale generativa potrebbe modificare radicalmente la pratica legale. Anche se non sostituirà in massa gli avvocati, 6 giugno 2023, https://www.economist.com/business/2023/06/06/generative-ai-could-radically-alter-the-practice-of-law?.

141 Robin Sharma e Adam Dubé: Verso l'uso di giochi commerciali come strumenti educativi. Biblioteca digitale UNESCO 2021, https://unesdoc.unesco.org/ark:/48223/pf0000375559.locale=en.

142 Yoko Mochizuki e Gauri Khanduja: Gaming for peace: Online gaming to promote peace and sustainable development. In: UNESCO – Istituto Mahatma Gandhi di educazione alla pace e allo sviluppo sostenibile, n.d., https://mgiep.unesco.org/article/gaming-for-peace-onling-gaming-to-promote-peace-and-sustainable-development.

143 UNESCO – Istituto Mahatma Gandhi per l'Educazione alla Pace e allo Sviluppo Sostenibile: La sfida dei giochi digitali per la pace (2021), https://mgiep.unesco.org/gamesforpve.

144 Si veda: Situation Lab: The Thing from the Future (2024), https://situationlab.org/project/the-thing-from-the-future/.

145 Università dell'Arizona: Controlled Environment Agriculture – Biosystems Engineering, n.d., https://be.arizona.edu/content/controlled-environment-agriculture. Si veda anche la North Carolina State University: What is Controlled Environment Agriculture? In: Youtube, 24 ottobre 2022, https://www.youtube.com/watch?v=7aTSth9SWC8 e University of California at Davis, College of Agricultural and Environmental Sciences: Controlled Environment Agriculture, n.d., https://caes.ucdavis.edu/research/initiative/controlled-environment-agriculture.

146 Soluzioni di crescita intelligente: il caso commerciale dell'agricoltura verticale. In: Youtube, 18 novembre 2022, https://www.youtube.com/watch?v=fp2x1WBhXQE. Vedi anche: GramworkX: Agricoltura di precisione – Infusione di tecnologia in agricoltura. In: Medium, 30 aprile 2020, https://gramworkx.medium.com/precision-farming-technology-infusion-in-agriculture-83b72f336b2d,

147 Matt McGrath: Cambiamento climatico: gli scienziati dell'IPCC esamineranno la rimozione del carbonio in un rapporto chiave. In: BBC News, 21 marzo 2022, https://www.bbc.com/news/science-environment-60798220.

148 Robinson Meyer: Non abbiamo mai visto un piano di riduzione delle emissioni di carbonio come questo. Aziende come Google e Facebook stanno investendo più di 900 milioni di dollari in una tecnologia nascente che è essenziale per azzerare le emissioni. In: The Atlantic, 13 aprile 2022, https://www.theatlantic.com/science/archive/2022/04/big-tech-investment-carbon-removal/629545/.

149 Notizie del Parlamento europeo: Assorbimenti di carbonio: il Parlamento vuole un sistema di certificazione UE per incrementare l'adozione, 21-11-2023, https://www.europarl.europa.eu/news/en/press-room/20231117IPR12212/carbon-removals-parliament-wants-eu-certification-scheme-to-boost-uptake.

150 James Temple & Casey Crownhart: Rapporto ONU sul clima: la rimozione del carbonio è ora "essenziale". L'eliminazione del gas serra dall'aria sarà probabilmente necessaria, insieme a tagli radicali delle emissioni, per evitare che le temperature aumentino di 2°C. In: MIT Technology Review, 4 aprile 2022, https://www.technologyreview.com/2022/04/04/1048832/un-climate-report-carbon-removal-is-now-essential/.

151 Alto Adige News: Gli astronauti dell'ESA, della NASA e della JAXA si allenano nel Bletterbach. Somiglianze sorprendenti con Marte, 12 ottobre 2023, https://www.suedtirolnews.it/chronik/verblueffende-aehnlichkeiten-mit-dem-mars.

152 Ricarda Breyton: Incentivi per un comportamento corretto. Idee insidiose al servizio del governo. In: Die Welt, 06.07.2021, https://www.welt.de/politik/deutschland/plus232308591/Bonussystem-fuer-Buerger-Anreiz-fuer-richtiges-Verhalten-heikle-Ideen-im-Auftrag-der-Regierung.html.

153 Adrian Lobe: Il controverso "eco-token" in Baviera: buon cittadino, cattivo cittadino. Un sistema di ricompense digitali in Baviera intende incoraggiare il rispetto dell'ambiente. I critici parlano di sorveglianza, simile a quella della Cina. In: TAZ, 23 agosto 2022, https://taz.de/Umstrittener-Oekotoken-in-Bayern/!5873370/. Si veda anche Businessinsider: Molti tedeschi vogliono essere valutati digitalmente – ma gli esperti avvertono, n.d., https://www.businessinsider.de/gruenderszene/technologie/social-scoring-deutschland-gutachten/.

154 Jürgen Kaube: Sistema di credito sociale: virtue signalling a Bologna. In: Frankfurter Allgemeine Zeitung (FAZ), 21 aprile 2022, https://www.faz.net/aktuell/feuilleton/bologna-testet-punktesystem-fuer-soziales-wohlverhalten-17970037.html.

155 Ministero federale tedesco dell'Istruzione e della Ricerca (BMBF): Zukunft von Wertvorstellungen der Menschen in unserem Land. Studio, Berlino, agosto 2020, https://www.vorausschau.de/SharedDocs/Downloads/vorausschau/de/BMBF_Foresight_Wertestudie_Kurzfassung.pdf?__blob=publicationFile&v=1 (versione breve); e Ministero Federale Tedesco dell'Istruzione e della Ricerca (BMBF): Zukunft von Wertvorstellungen der Menschen in unserem Land. Studio, Berlino, agosto 2020, https://www.vorausschau.de/SharedDocs/Downloads/vorausschau/de/BMBF_Foresight_Wertestudie_Langfassung.pdf?__blob=publicationFile&v=3 (versione lunga).

156 Bundestag tedesco: Governo federale sugli scenari futuri dello "Studio sul valore". Istruzione, ricerca e valutazione tecnologica – Risposta hib 1013/2021, 10/09/2021, https://www.bundestag.de/presse/hib/858680-858680.

157 Timothy M. Lenton et al: Quantificare il costo umano del riscaldamento globale. In: Nature Sustainability (2023), 22 maggio 2023, https://www.nature.com/articles/s41893-023-01132-6.

158 Dubai Future Foundation: Ohood Al Roumi: Global Lawmaking Models 'Unfit for the Future', 12 ottobre 2022, https://www.dubaifuture.ae/dubai-future-forum/ohood-al-roumi-global-lawmaking-models-unfit-for-the-future/.

159 Dubai Future Foundation: I governi devono incorporare la lungimiranza nel processo decisionale e abbracciare l'incertezza, Dubai Future Forum Hears, 11 ottobre 2022, https://www.dubaifuture.ae/latest-news/governments-must-engrain-foresight-in-decision-making-and-embrace-uncertainty-dubai-future-forum-hears/.

160 Dubai Future Foundation: i migliori futuristi del mondo rivelano gli ingredienti chiave di un "buon futuro globale" al Dubai Future Forum, 28 novembre 2023, https://www.dubaifuture.ae/latest-news/worlds-top-futurists-reveal-key-ingredients-of-a-good-global-future-at-the-dubai-future-forum/.

161 Barbara Baumgartner, Sigrid Hechensteiner: Il futuro deve essere un movimento sociale. Intervista con Roland Benedikter. In: Eurac Magazine, 24 ottobre 2022, https://www.eurac.edu/de/magazine/zukunft-zu-gestalten-muss-eine-gesellschaftliche-bewegung-sein.

162 Vedi Roland Benedikter: Il ruolo delle scienze sociali per il futuro dell'Alto Adige. In: Hannes Obermair, Harald Pechlaner (eds.): Eurac Research: Inventing Science In A Region. Eurac Research online, 30/09/2022, https://www.eurac.edu/publication/eurac-research-inventing-science-in-a-region/nature-society/die-rolle-der-sozialwissenschaft-fur-sudtirols-zukunft. Cfr. più in dettaglio Roland Benedikter: Wissenschaft zwischen Regionalisierung

und Globalisierung. Sul presente e sul futuro delle scienze sociali applicate in Alto Adige. In: Hannes Obermair, Harald Pechlaner (eds.): Eurac Research: Inventing Science In A Region, Athesia Publishers / Eurac Research, Bolzano 2022, pp. 220-232, https://www.eurac.edu/publication/eurac-research-inventing-science-in-a-region e https://www.eurac.edu/publication/eurac-research-inventing-science-in-a-region/nature-society/wissenschaft-zwischen-regionalisierung-und-globalisierung.

163 Si veda, ad esempio, Peter Hess: AI scandalocks academia as nearly 200 studies are found to have partly generated by ChatGPT. In: Daily Mail Online, 19 marzo 2024, https://www.dailymail.co.uk/sciencetech/article-13211523/ChatGPT-scandal-AI-generated-scientific-papers.html.

164 Uttkarsha Bhosale, Gayatri Phadke e Anupama Kapadia: Generative AI in Research: A practical guide for universities on balancing risks and benefits. Enago Global, ottobre 2023, pubblicazione ad accesso aperto, https://www.enago.com/academy/guide-to-ensure-responsible-ai-integration/.

165 Adréa Belliger e David Krieger: Nuove prospettive sull'allineamento dell'IA. In: Academia, in uscita nel 2024, https://www.academia.edu/115166884/New_Perspectives_on_AI_Alignment_revised_.

166 Jiaming Ji et. al: AI Alignment: A Comprehensive Survey. In: Cornell University Computer Science, 26 febbraio 2024, https://arxiv.org/abs/2310.19852.

167 Ibidem.

168 Mark Coeckelbergh: The political philosophy of AI: an introduction, John Wiley & Sons 2022. Si veda anche in breve: Mark Coeckelbergh: Suche nach der Wahrheit. In: Der Pragmaticus, numero 1, febbraio 2024: Il mondo tra 50 anni, pp. 22-23.

169 Christoph Quarch: Memento Mori. In: Medium, 21 luglio 2023, https://medium.com/@christophquarch/memento-mori-1f4152213653.

170 Christoph Quarch: Il club degli antichi saggi: In dialogo con Socrate, Seneca, Platone & Co. FinanzBuch Verlag 2023, https://www.amazon.de/Club-alten-Weisen-Sokrates-Gespr%C3%A4ch/dp/3959727305.

171 Rafael Ramirez: Pianificazione di scenario: una risposta alle turbolenze? In: Università di Oxford, Said Business School, 28 gennaio 2020, https://www.sbs.ox.ac.uk/oxford-answers/scenario-planning-answer-turmoil.

172 Matt Finch, Nhiam Ni Bhorin e Steffen Krüger: Disimparare, reimparare, stare con i problemi: scenari e futuro dell'istruzione. In: Prospects, October 2023 Issue, https://www.researchgate.net/publication/374848147_Unlearning_relearning_staying_with_the_trouble_Scenarios_and_the_future_of_education.

Epilogo

Franz Schöpf

Ripartizione Innovazione, Ricerca, Università e Musei dell'Amministrazione provinciale della Provincia Autonoma di Bolzano-Alto Adige

Questo libro ha mostrato in forma concentrata che, quando andiamo al lavoro, quando usiamo l'auto e percorriamo le nostre città, o semplicemente quando usiamo il cellulare, siamo già nel mezzo del flusso del cambiamento, cioè delle tecnologie future che accompagnano la nostra vita, che cambiano le nostre abitudini e la nostra società altoatesina. Molto di ciò che abbiamo visto nei film sul futuro solo poco tempo fa è già diventato parte indispensabile della nostra vita quotidiana.

Il tempo che le lettrici e i lettori hanno dedicato a questo affascinante libro è tempo ben speso. Il viaggio attraverso le pagine precedenti ci ha mostrato la profondità dei cambiamenti tecnologici che caratterizzeranno il nostro mondo nei prossimi anni. Abbiamo la possibilità di comunicare oltre i confini, di condividere le conoscenze, di utilizzare le capacità tecniche e di esplorare il mondo su una scala senza precedenti. Ma abbiamo anche visto chiaramente che il modo in cui lavoriamo, impariamo, interagiamo tra di noi e viviamo, il mondo che ci circonda, cambierà radicalmente.

Lo sviluppo degli anni a venire deve essere integrato in un quadro generale. La rivoluzione industriale è arrivata in Alto Adige piuttosto tardi. La prima fase risale all'inizio del XIX secolo, con la creazione della zona industriale di Bolzano. Negli anni '60 l'industria manifatturiera si è sviluppata gradualmente nella periferia della provincia. La storia dello sviluppo industriale in Alto Adige è quindi un esempio della capacità di adattamento del territorio.

Ora ci si chiede: la società, l'economia e la politica altoatesina saranno in grado di tenere il passo con l'Europa e, soprattutto, con i Paesi sviluppati come gli Stati Uniti e la Cina nella nuova rivoluzione tecnologica?

Gli articoli di questo libro ci hanno dato un'idea dei cambiamenti economici e sociali che anche l'Alto Adige dovrà affrontare. La trasformazione digitale, l'intelligenza artificiale, i big data e le biotecnologie, le tecnologie dei sensori e la stampa 3D sono alcune delle tecnologie future che cambieranno anche il nostro territorio. Spetta a tutti noi sfruttare questi cambiamenti come opportunità per una vita migliore. Per farlo, è necessario prendere sul serio le sfide che ci attendono e affrontare in modo costruttivo le incertezze causate dai cambiamenti imminenti. Dovranno esserci anche fasi di sperimentazione fino a trovare le soluzioni migliori per le imprese, ma anche per la società, con l'obiettivo di armonizzare ambiente, persone e tecnologia. Nei capitoli introduttivi, Roland Benedikter descrive i tre elementi essenziali – tecnologie del futuro, ecosistemi sociali ed ecologia della conoscenza – e il modo in cui sono interconnessi e possono lavorare insieme in modo molto istruttivo.

Negli ultimi anni, la Provincia di Bolzano ha effettivamente investito di più nell'innovazione e nella ricerca in questo senso. Ne sono un esempio il finanziamento dell'innovazione per le imprese, l'ampliamento del NOI Techpark a Bolzano e Brunico, l'incubatore del NOI, il finanziamento delle start-up, il capacity building, l'offensiva della ricerca, il finanziamento (parziale e co-finanziato) di istituti di ricerca altoatesini come l'Eurac e il finanziamento e l'ulteriore sviluppo della Libera Università di Bolzano.

Tuttavia, le imprese altoatesine stanno investendo sempre più in innovazione, ricerca e sviluppo. Molte imprese si stanno concentrando sulla digitalizzazione dei processi e sull'automazione dei flussi di lavoro produttivi. Le grandi e medie imprese sono spesso più rapide e determinate nell'introdurre le tecnologie del futuro rispetto alle piccole imprese dei settori tradizionali, anche perché le prime sono esposte alla concorrenza internazionale e spesso sentono ancora di più il vento del cambiamento.

Nel 2020 in Alto Adige sono stati spesi 216,6 milioni di euro per attività di ricerca e sviluppo (R&S) interne (intra-muros). Di questi, il 59 %, pari a 128 milioni di euro, è stato speso dalle imprese e 88,6 milioni di euro dagli istituti di ricerca pubblici. Complessivamente, l'Alto Adige si colloca al di sotto della media nazionale italiana ed europea in termini di R&S. Con lo 0,98 %, la percentuale di R&S dell'Alto Adige è aumentata notevolmente, ma è ancora lontana dall'obiettivo della strategia "Europa 2020" che prevede di portare gli investimenti in R&S al 3 % del prodotto interno lordo (PIL).[1]

Con la strategia RIS3 per la ricerca e l'innovazione, ora esiste anche una chiara strategia provinciale a medio termine, che elenca le aree di specializzazione, comprese le tecnologie, ma mostra anche dove l'Alto Adige vuole svilupparsi in futuro. Il piano strategico si basa su un'analisi delle tendenze internazionali per riconoscere i fattori di cambiamento e le sfide future che le imprese altoatesine dovranno affrontare. Nell'ambito di un ampio processo partecipativo, sono stati definiti obiettivi e misure per i diversi attori dell'innovazione della provincia, responsabili dell'ulteriore sviluppo delle tecnologie future e dell'espansione dell'innovazione, della ricerca e dello sviluppo. Quattro gruppi di lavoro specifici per argomento, composti da esperte ed esperti selezionati provenienti dal mondo dell'economia e della ricerca, analizzano costantemente le tendenze e i cambiamenti nei vari settori della tecnologia, al fine di presentare proposte per l'adeguamento continuo del piano strategico RIS3. D'altra parte, il piano annuale dell'Alto Adige per la ricerca e l'innovazione viene utilizzato per la pianificazione e l'attuazione a breve termine di misure e progetti.

Le nuove tecnologie hanno avuto un impatto significativo sull'economia altoatesina e lo avranno ancora di più in futuro. Negli ultimi decenni abbiamo assistito a un notevole sviluppo di nuove tecnologie che hanno plasmato la nostra economia in molti modi. Come descritto in questo libro, l'influenza della digitalizzazione, dell'intelligenza artificiale (AI), della gestione dei dati e degli algoritmi sulla nostra economia è particolarmente rilevante. Da un lato, queste tecnologie stanno cambiando i modelli di business esistenti, dall'altro stanno anche creando opportunità completamente nuove e sono il terreno fertile per le start-up. Nel complesso, l'AI e la gestione dei dati stanno cambiando radicalmente il modo in cui facciamo affari. Spetta a noi capitalizzare le opportunità offerte da queste tecnologie, assicurando al contempo che vengano utilizzate in modo responsabile per promuovere un'economia sostenibile e innovativa.

In prospettiva, l'emergere di tecnologie future creerà nuove opportunità per le imprese altoatesine, ma anche nuovi rischi. Tra le opportunità vi sono:

- *maggiore efficienza:* l'automazione e l'ottimizzazione dei processi attraverso tecnologie come l'intelligenza artificiale possono snellire i flussi di lavoro e migliorare l'efficienza;
- *presenza sul mercato:* Internet e i social media consentono alle microimprese di aumentare la propria portata e di raggiungere i clienti su scala globale;
- *personalizzazione:* l'analisi dei dati consente una migliore comprensione dei clienti, che può portare a prodotti e servizi personalizzati;
- *risparmio sui costi:* il cloud computing e l'outsourcing consentono di accedere alle risorse senza un elevato investimento iniziale;

- *potenziale di innovazione:* le microimprese possono utilizzare la tecnologia per sviluppare nuovi prodotti e servizi, prima irrealizzabili.

Ma anche i rischi non vanno sottovalutati:

- *costi e accesso:* l'introduzione di nuove tecnologie richiede investimenti che potrebbero non essere facilmente sostenibili per le microimprese;
- *carenza di competenze:* l'uso di soluzioni ad alta tecnologia richiede spesso competenze specialistiche che potrebbero non essere disponibili nelle microimprese;
- *sicurezza dei dati e privacy:* l'archiviazione di dati sensibili comporta rischi in termini di privacy e sicurezza dei dati, particolarmente importanti per le microimprese;
- *dipendenza dalla tecnologia:* un guasto tecnologico potrebbe avere gravi ripercussioni sulla capacità di operare di una microimpresa;
- *pressione competitiva:* la tecnologia consente una concorrenza globale, che può rappresentare una sfida per le microimprese se non riescono a tenere il passo.

È quindi altrettanto certo che le tecnologie del futuro avranno anche una serie di effetti sulla nostra società civile. Quando si parla di nuove tecnologie, è importante considerare anche il potenziale impatto sulle persone. Si pongono le seguenti domande: Quale impatto avranno le tecnologie del futuro? Sarà possibile rendere queste tecnologie accessibili a tutta la popolazione senza lasciare indietro nessuno (comprese le persone più anziane o meno esperte di tecnologia)? Sarà possibile superare i pericoli di alcune tecnologie? Le tecnologie del futuro porteranno a un miglioramento della qualità della vita? In generale: che impatto avranno le tecnologie sulla società? Le tecnologie del futuro consentiranno una vita più appagante e felice o porteranno a richieste eccessive o insufficienti, alla solitudine e a una riduzione della solidarietà?

Sulla base di queste domande è importante, sulla scia di questo libro, considerare quali aree della società civile saranno direttamente interessate dalle tecnologie del futuro. Innanzitutto, ci sono i *cambiamenti nel mondo del lavoro*, in quanto l'automazione e l'intelligenza artificiale potrebbero sostituire o cambiare alcuni lavori. Allo stesso tempo, stanno emergendo nuove opportunità di lavoro nei settori dello sviluppo, della manutenzione e dell'assistenza tecnologica. Esiste un rischio di *disuguaglianza*, in quanto i progressi tecnologici potrebbero creare un divario tra chi ha accesso a queste tecnologie e chi no. Questo potrebbe portare a disuguaglianze sociali ed economiche. Anche i requisiti per l'istruzione e le competenze stanno cambiando a causa degli sviluppi tecnologici.

Diventa sempre più importante apprendere le competenze digitali e formarsi continuamente per avere successo nella società moderna. Inoltre, la questione della privacy e della protezione dei dati sta diventando più attuale che mai, in quanto le nuove tecnologie possono essere utilizzate per raccogliere numerosi dati sulle persone. Ciò solleva questioni relative alla *privacy* e *alla protezione dei dati* che devono essere considerate attentamente e regolamentate. *L'interazione sociale* e il modo in cui le persone interagiscono tra loro stanno cambiando anche grazie ai social media e alla comunicazione online. Ciò può avere effetti sia positivi che negativi sulle relazioni interpersonali. Si prevedono anche effetti sulla *salute* e sul *benessere*, poiché le tecnologie future possono migliorare l'assistenza medica nel settore sanitario, ma anche sollevare questioni etiche, ad esempio in relazione alla manipolazione genetica.

Infine, un ulteriore tema è il *flusso di informazioni*. Internet ci dà accesso a una grande quantità di informazioni, che offre opportunità ma richiede anche la capacità di distinguere le informazioni rilevanti e accurate dalle *fake news*. La *solitudine* e l'*isolamento* sono fenomeni in aumento nel contesto della digitalizzazione. Sebbene le tecnologie online facilitino la comunicazione, le persone stanno diventando digitalmente isolate ed estranee ai contatti e agli incontri personali. L'impatto ambientale non deve essere sottovalutato, poiché le tecnologie possono contribuire all'*inquinamento ambientale*, sia attraverso il consumo di energia, sia attraverso i rifiuti elettronici o altri fattori. Questioni fondamentali sono quindi l'*etica* e la *responsabilità*. Lo sviluppo e l'uso delle tecnologie solleva questioni etiche, ad esempio nell'area dell'intelligenza artificiale e dei sistemi di apprendimento automatico (machine learning), nonché per quanto riguarda la concentrazione e il controllo della conoscenza. La società deve pensare a regolamentazioni adeguate e garantire che la tecnologia del futuro vada a beneficio del maggior numero possibile di persone. Questo vale anche per l'Alto Adige nel contesto delle competenze autonome.

Le prospettive di una visione tecnologica per l'Alto Adige presentate in questo libro rappresentano alcune sfide chiave per la società civile, le imprese, le istituzioni e la politica, che devono essere prese in considerazione nella diffusione delle tecnologie del futuro per continuare a tutelare i bisogni primari e il senso di autostima delle persone. È necessario sfruttare le opportunità offerte da questi cambiamenti. Ma dobbiamo anche essere consapevoli delle sfide e dei rischi. I decisori politici ed economici devono trovare modi e mezzi adeguati, con il coinvolgimento della società civile, per garantire che le tecnologie future possano essere utilizzate a lungo termine a beneficio della società.

1 Fonte: Astat Info, numero 58, settembre 2022.

Appendice 1

Consiglio della Provincia Autonoma di Bolzano-Alto Adige:
Mozione
No. 437/21

Audizione: Trasformazione digitale, Blockchain, intelligenza artificiale, big data

Parole come "trasformazione digitale", "tecnologia *Blockchain*", "valute digitali", "cognitive computing" e "self learning machines" sono ormai sulla bocca di tutti. Queste tecnologie non rivoluzioneranno solo alcuni settori del nostro ambiente di lavoro, sia esso privato o pubblico, ma cambieranno anche definitivamente le nostre vite, il tessuto sociale e l'economia sociale di mercato, l'odierno modello del welfare state occidentale. Come ogni cambiamento, anche questo processo comporta opportunità e rischi, e poiché la trasformazione sarà dirompente, richiede di definire già oggi le basi per il futuro.

Sorprende quindi non solo quanto poco se ne discuta a livello politico, ma anche quanto poco questo fenomeno sembra essere avvertito dalla società e dalle imprese altoatesine. Naturalmente si tratta di una enorme tendenza globale che non può essere controllata dall'Alto Adige, ma essa interesserà comunque la nostra provincia. Secondo Gartner, l'era delle macchine intelligenti sarà il cambiamento più dirompente nella storia dell'informatica, anche più di quanto lo sia stato Internet. In questa nuova era, le tecnologie rivoluzionarie come l'interazione con le macchine tramite il linguaggio naturale o il pensiero autonomo e l'apprendimento di algoritmi daranno vita a una nuova generazione di computer in grado di ap- prendere, pensare e interagire con gli esseri umani in modo naturale. Le aziende più lungimiranti stanno già puntando sulle enormi opportunità che offre il *cognitive computing*, perché riconoscono che adottare tempestivamente queste tecnologie può renderle leader nei loro mercati. Per quanto riguarda i sistemi intelligenti che comprendono, deducono e apprendono costantemente dai dati non strutturati senza l'intervento umano, il futuro è già arrivato. Le tecnologie di cognitive computing sono già in grado di supportare i processi decisionali e aiutare le persone a risolvere problemi complessi, e questo sia nell'economia, sia nella sanità.

Anche la tecnologia *Blockchain* rappresenta una rivoluzione che cambierà profondamente le tecnologie oggi consolidate in termini di gestione dei processi complessi e di archiviazione delle informazioni. La *Blockchain* sta già rivoluzionando il mondo della finanza, e attraverso gli *Smart Contracts* permette di effettuare transazioni a prova di manomissione senza alcuna entità di controllo centrale, e questo grazie al fatto che la gestione dello sviluppo dinamico dei dati nei sistemi basati sulla *Blockchain* non è centralizzata e chiusa, ma decentralizzata e trasparente, aperta a tutti. I campi di applicazione di questa tecnologia sono molto diversi, la *Blockchain* potrebbe ad esempio gestire le cartelle cliniche digitali dei pazienti e permettere ai medici di condividere le informazioni sui pazienti in modo sicuro e veloce. Per questi motivi sarebbe ideale per il *Green Pass* europeo.

Tutto questo farà sì che molti posti di lavoro nel settore dei servizi verranno sostituiti da tecnologie estremamente efficienti – e in alcuni comparti saranno probabilmente la maggioranza. Questo, però, può avvenire quando la congiuntura economica è favorevole. In altri settori verranno invece introdotti modelli di lavoro completamente nuovi. Tutto ciò comporterà una sfida anche per i responsabili politici dei governi e per i rappresentanti eletti negli organi legislativi. Per quanto riguarda la trasformazione del mondo del lavoro si stanno timidamente avviando le prime discussioni sul reddito di base incondizionato. A ciò si aggiungono discussioni etiche sugli algoritmi di autoapprendimento nella sanità e delle auto a guida autonoma. Le opinioni al riguardo vanno dall'allarmismo all'entusiasmo.

Già oggi, la politica e le aziende più all'avanguardia stanno affrontando la trasformazione economica definita come "Industria 4.0". Questo perché le economie con maggiori modelli di business e infrastrutture digitali hanno già oggi un vantaggio in termini di reddito. Tuttavia, né la politica né le aziende hanno ancora sviluppato una visione uniforme della trasformazione digitale, e neanche si vedono i corrispondenti investimenti. In particolare, mancano i piani a tutti i livelli politici, a partire dall'Unione Europea. Di conseguenza, in termini di trasformazione digitale, l'Europa è inesorabilmente distanziata dagli Stati Uniti e dall'Asia.

Oggi è essenziale che i decisori – nelle aziende e nella politica – siano adeguatamente informati sullo sviluppo delle possibilità tecnologiche e sulle opportunità e i rischi ad esse collegati, affinché la politica possa dirigere e accompagnare questo sviluppo per non restare indietro domani. Pertanto, la politica deve migliorare le sue competenze digitali.

Cosa può fare la politica per la digitalizzazione?

- avere una visione d'insieme della tematica;
- perseguire obiettivi chiari e creare i presupposti;
- legislativi per realizzarli;
- garantire la certezza del diritto;
- promuovere l'alfabetizzazione digitale dei cittadini.

Un primo passo in questa direzione è l'audizione organizzata dal Consiglio provinciale con esperte ed esperti di future studies, con particolare attenzione alle nuove tecnologie e all'informatica. Idealmente, questa audizione potrebbe portare alla creazione di un gruppo di lavoro in Consiglio provinciale dedicato alle "tecnologie" che abbia l'obiettivo primario di creare situazioni concrete in cui si possa realizzare uno scambio tra gli istituti di ricerca, la politica, gli imprenditori e gli utenti.

Tutto ciò premesso,

il Consiglio della Provincia Autonoma di Bolzano
incarica
la III commissione legislativa

di organizzare, in quanto commissione competente per la ricerca scientifica e tecnologica, un'audizione in Consiglio provinciale con esperte ed esperti di future studies, mettendo l'accento sulle nuove tecnologie e sulla trasformazione digitale.

Bolzano, 29 giugno 2021

f.to consiglieri provinciali

Paul Köllensperger *Gerhard Lanz* *Rita Mattei*

Appendice 2

Programma: Audizione del Consiglio provinciale BA 437/21:
"Alto Adige 2030: Tecnologie del futuro"
Durata: 09.00-13:30
Data: 08 febbraio 2022
Modalità: Ibrido (fisico e online)
Luogo: Consiglio della Provincia Autonoma di Bolzano-Alto Adige
Lingue: Lingue native con traduzione simultanea
tedesco, italiano, inglese
Concezione e coordinazione scientifica:
Roland Benedikter

Contenuto: Trasformazione digitale, *Blockchain*, intelligenza artificiale, big data: Dove stiamo andando? Quale futuro attende le persone e le imprese? La politica deve migliorare le proprie competenze digitali.

09.00 Alto Adige: il futuro della tecnologia. Coniugare tecnologie del futuro, eco- sistemi sociali ed ecologia del sapere (Roland Benedikter, "Circolo per il Futuro" del Ministero Federale Tedesco dell'Educazione e della Ricerca ed Eurac Research Bolzano)

09.10 Smart city – smart home – smart mobility (Wolfgang Müller-Pietralla, Direttore della Ricerca sul Futuro e Trasferimento Tendenze, Volkswagen AG Wolfsburg, Professore di Ricerca sul Futuro, "Circolo per il Futuro" del Ministero Federale Tedesco dell'Educazione e della Ricerca)

09.30 Intelligenza artificiale I (Giuseppe Stefano Quintarelli, Nettuno Università Telematica Internazionale e Parlamento della Repubblica Italiana, Consigliere UN/CEFACT)

09.50 Intelligenza artificiale II (Federico Giudiceandrea, Microtec, Accademia per l'Intelligenza Artificiale di Bressanone ed Economia Alto Adige SWR/EA)

10.10 Blockchain (Marco Vitale, Fondazione Quadrans CH/I, Foodchain.it e Iniziativa Blockchain Strategy del Ministero per lo Sviluppo Economico)

10.30 *Data Ownership / Data Trading / Privacy* (Elena Pasquali, Ecosteer/ NOI Techpark Bolzano)

10.50 Pausa caffè

11.20 Nuove tecnologie e il futuro dell'invecchiamento (Nicola Palmarini, National Innovation Centre for Ageing NICA, Governo Britannico e Newcastle University)

11.40 Zukunftstechnologien im Gesundheitswesen / Nuove tecnologie sanitarie: medicina di precisione/medicina di genere (Katharina Crepaz, Università Tecnica Monaco di Baviera e Eurac Research Bolzano)

12.00 Convergenza uomo-macchina e considerazioni etiche sulle tecnologie del futuro (Karim Fathi, "Circolo per il Futuro" del Ministero Federale Tedesco dell'Educazione e della Ricerca)

12.20 Futures Literacy (e Tech Literacy) (Riel Miller, Direttore della ricerca sul futuro e dell'educazione al futuro, UNESCO Parigi, Università Norvegese di Scienza e Tecnologia NTNU)

12.40 Vivere e lavorare in Alto Adige 4.0 (Ingrid Kofler, Eurac Research Bolzano)

13.00 Riassunto e moderazione conclusiva. Visioni tecnologiche Alto Adige 2030: Le tecnologie del futuro e le strategie RIS3 e della sostenibilità dell'Alto Adige. Prospettive (Roland Benedikter, "Circolo per il Futuro" del Ministero Federale Tedesco dell'Educazione e della Ricerca ed Eurac Research)

13:20 Conclusione dei lavori a cura del presidente della III commissione legislativa cons. Helmuth Renzler

13:30 Fine

Gli autori

Roland BENEDIKTER (coordinatore scientifico) è condirettore del Centro di studi avanzati / Center for Advanced Studies di Eurac Research Bolzano e UNESCO Chair per Anticipazione e Trasformazione presso l'Eurac. È stato membro del "Circolo per il futuro" del ministero federale tedesco dell'istruzione e della ricerca (BMBF) per il governo federale tedesco 2019-2023. Contatto: roland.benedikter@eurac.edu. Homepage: https://www.eurac.edu/it/people/roland-benedikter.

Katharina CREPAZ è Privatdozentin (docente con abilitazione scientifica) presso la TUM School of Medicine and Health, Monaco di Baviera e senior researcher presso Eurac Research, Bolzano. Contatto: katharina.crepaz@eurac.edu. Homepage: www.katharinacrepaz.com e https://www.eurac.edu/it/people/katharina-crepaz.

Karim FATHI è membro del "Circolo per il futuro" del ministero federale tedesco dell'istruzione e della ricerca (BMBF) per il governo federale tedesco. Pubblicista, ricercatore e consulente sulla multi-resilienza sociale e sulla gestione comunicativa della complessità. Contatto: mail@karimfathi.de. Homepage: www.karimfathi.de.

Federico GIUDICEANDREA è fondatore e presidente di Microtec, fondatore e presidente di CoVisionLab, startup mentor e coach al NOI Techpark, fondatore dell'Accademia per l'Intelligenza Artificiale di Bressanone e presidente di Economia Alto Adige (SWR/EA). Contatto: fg@microtec.eu. Homepage https://microtec.eu/en/company/about/.

Ingrid KOFLER è docente presso la facoltà di Design della Libera Università di Bolzano. Contatto: Ingrid.kofler@unibz.it.

Paul KÖLLENSPERGER è un consigliere della Provincia Autonoma di Bolzano-Alto Adige. Contatto: paul.koellensperger@landtag-bz.org. Homepage: https://www.landtag-bz.org/de/biografien/koellensperger.

Gert LANZ è un imprenditore ed è stato consigliere della Provincia Autonoma di Bolzano-Alto Adige fino al 2023.

Rita MATTEI è stata membro e Presidente del Consiglio della Provincia Autonoma di Bolzano-Alto Adige fino al 2023.

Riel MILLER è direttore di Foresight e Futures Literacy/Head of Foresight and Futures Literacy, UNESCO Parigi, docente in varie università e membro dell'International Advisory Board della Norwegian University of Science and Technology (NTNU). Contatto: r.miller@unesco.org. Homepage: https://en.unesco.org/futuresliteracy/about.

Wolfgang MÜLLER-PIETRALLA è direttore della ricerca sul futuro e trasferimento di tendenze, Volkswagen AG Wolfsburg, docente di futurologia alla Libera Università di Berlino, fiduciario del Fraunhofer ISI e membro del "Circolo per il futuro" del ministero federale tedesco dell'istruzione e della ricerca (BMBF) per il governo federale tedesco. Contatto: wolfgang.mueller-pietralla@volkswagen.de. Homepages: https://www.volkswagen-newsroom.com/en/images/detail/wolfgang-mueller-pietralla-19099 e https://www.ewi-psy.fu-berlin.de/v/master-zukunftsforschung/team/Lehrende/mueller-pietralla/index.html.

Nicola PALMARINI è direttore del National Innovation Centre for Aeging (NICA) del Governo Britannico e professore alla Newcastle University. Contatto: nic.palmarini@newcastle.ac.uk. Homepage: http://www.palmarini.org/.

Elena PASQUALI è co-fondatrice ed amministratrice di EcoSteer Srl, una start-up innovativa in ambito IoT e Blockchain basata al NOI Techpark di Bolzano. In passato Elena ha ricoperto posizioni di Management, Business Development e Consulenza in GE Italia, SAP AG, Capgemini UK, vivendo per una ventina d'anni tra Italia e Regno Unito e trasferendosi a Bolzano nel 2019. Il suo obiettivo è trasformare i consumatori nel motore di una nuova economia dei dati, decentralizzata, distribuita ed etica. Contatto: elena.pasquali@ecosteer.com. Homepage: https://ecosteer.com/#about-us.

Giuseppe Stefano QUINTARELLI è un imprenditore informatico, professore di sistemi informativi, servizi di rete e sicurezza presso UniNettuno/Università Telematica Internazionale e membro del parlamento della Repubblica Italiana Roma, Commissione per i diritti in internet, fondatore e presidente del gruppo parlamentare all-party sull'Innovazione Tecnologica, presidente dell'Advisory group sulle tecnologie avanzate per il commercio e l'e-business per le Nazioni Unite (UN/CEFACT), componente del gruppo di esperti ad alto livello sull'Intelligenza Artificiale per la Commissione Europea e presidente del Comitato di indirizzo dell'Agenzia per l'Italia digitale. Contatto: stefano@quintarelli.it. Homepage: https://blog.quintarelli.it/chi-sono/.

Helmuth RENZLER (†) è stato consigliere della Provincia Autonoma di Bolzano-Alto Adige fino al 2023 e presidente della Terza Commissione legislativa.

Franz SCHÖPF è Direttore di ripartizione della Ripartizione Innovazione, Ricerca, Università e Musei dell›Amministrazione Provinciale della Provincia Autonoma di Bolzano-Alto Adige. Contatto: franz.schoepf@provinz.bz.it. Homepage: https://home.provinz.bz.it/de/kontakte/1118.

Marco VITALE è fondatore e presidente della Fondazione Quadrans Lugano e di Foodchain.it, nonché membro del Consiglio Nazionale Blockchain del Ministero per lo Sviluppo Economico, con il mandato di elaborare la strategia nazionale Blockchain per l'Italia. Contatto: marco.vitale@quadrans.io. Homepage: https://quadrans.io/about-us.

Ilham ZEKKARIA studia Lingue e Letterature straniere moderne e frequenta il Laboratorio di Traduzione Letteraria presso l'Università di Firenze. Contatto: ilham.zekkaria@edu.unifi.it.

Comitato scientifico di questo libro

Prof. Dr. James Giordano, Università di Georgetown, USA

Prof. Dr. Hanns-Fred Rathenow, Università Tecnica di Berlino, Germania

Prof. Dr. Manfred Steger, Università delle Hawaii a Manoa, USA

Note

1ª edizione 2026

Via del Vigneto, 7
I-39100 Bolzano
casa.editrice@athesia.it

Titolo dell'edizione originale: "Technologievision Südtirol 2030"
Traduzione dal tedesco: Ilham Zekkaria, Università degli Studi di Firenze

Design e layout: Athesia-Tappeiner Verlag
Stampa: LegoDigit S.r.l., Lavis

Per essere sempre aggiornati
www.athesia-tappeiner.com

ISBN 978-88-6839-796-8
ISBN 978-88-6839-846-0 (e-Book)

Rispettiamo l'ambiente – questo libro non è cellofanato